Sigi Fink

Fetzblau oder Schnieseln

SIGI FINK

FETZBLAU ODER SCHNIESELN

Wetter verstehen und selbst vorhersagen

Seifert Verlag

Umwelthinweis:

Dieses Buch und der Schutzumschlag wurden auf chlorfrei gebleichtem Papier gedruckt. Die Einschrumpffolie – zum Schutz vor Verschmutzung – ist aus umweltverträglichem und recyclingfähigem PE-Material.

3. Auflage

Umschlaggestaltung: Jakob Salner
Satz und Layout: Jakob Salner
Verlagslogo: © Padhi Frieberger
Druck und Bindung: EuroPB s.r.o., Příbram
ISBN: 978-3-904123-87-7

Inhaltsverzeichnis

Vorwort

Fetzblau, das hat mein Vater des Öfteren gesagt, wenn der Himmel besonders blau war. In Südtirol ist der „Fetzen" ein Tuch, das man zum Putzen verwendet. Wenn du mit dem Fetzen das Fenster vom Staub und den Schlieren sauber putzt, dann hast du klare Sicht nach draußen, und so ist es mit dem Himmel. Wenn du mit dem Fetzen die Wolken vom Himmel wegputzt, dann wird der Himmel nicht nur blau, sondern eben fetzbau.

Schnieseln ist ganz leichtes Schneien, so wie feiner Regen, das Nieseln, nur eben in Kristallform.

Im Alter von wenigen Jahren hab ich begonnen zu hinterfragen, warum gewisse Dinge in der Natur passieren. Etwa beim Wandern im Frühling auf der Villanderer Alm: „Warum verschwinden diese Kügelchen, die vom Himmel gefallen sind, wenn ich sie angreife?", hab ich früher mal als Kind meinen Vater gefragt. „Das ist nicht Styropor, das ist Graupel, der schmilzt, wenn du ihn angreifst, so wie Schnee ...", hat mir mein Vater dann erklärt.

Bereits von klein auf hat mich Wetter fasziniert, was dieser Graupel ist, der vom nahezu wolkenlosen Himmel fällt. Warum blitzt und donnert es, warum hat es über Nacht so schön geschneit, warum wird die eine Wolke zu einem Gewitter und die andere nicht. „Wenn du nicht irgendwann das Wetter machst, fress ich einen Besen…“, das sagte einst eine meiner Schwestern zu mir, weil ich sie immer damit genervt habe, den Film zu unterbrechen und umzuschalten, um den Wetterbericht zu schauen.

Die Eltern haben mir das Wetter auf einfachste Art und Weise erklärt, wobei ich dann selbst kritisch zu hinterfragen begann, warum es zum Beispiel nicht blitzt, wenn zwei Wolken aufeinandertreffen.

Aufgewachsen bin ich in Südtirol, in der Bozner Altstadt, die Eltern hatten ein Restaurant und eine Pizzeria samt Biergarten im Freien, wo natürlich das Wetter eine wichtige Rolle spielte. Zudem hat mein Vater mich weiter für die Materie begeistert, da dieser nebenbei noch Weinbauer war und natürlich von Wetter und der Witterung abhängig. Der Wetterbericht stand für ihn daher jeden Tag im Vordergrund, und ab und zu hat er sich auch an Bauernregeln und Naturbeobachtungen gehalten. Beim Arbeiten in der Freizeit als Landschaftsgärtner lernte ich auch den Umgang mit Bäumen und Balkonpflanzen, und da ist natürlich auch das Wetter immer präsent.

Nichts faszinierte mich als Kind so sehr wie Schneefall. Als meine Mutter Brigitte spätabends von der Arbeit nach Hause kam, wollte ich, dass sie mich unbedingt aufweckt, falls es draußen schneit. Und so kam es, sie ging mit mir auf dem Arm vor die Haustür, und ich kann mich noch erinnern, wie alles verstummt war, viel ruhiger als sonst in Bozen, zwischen den hohen Häusern kein Lärm, nur der leise Aufprall der Flocken auf dem getrockneten Laub des wilden Weines, der über unserem Hauseingang wuchs. Dicke, lockere Flocken tanzten durch das Flutlicht mancher Büros der Nachbargebäude – ein Erlebnis, bei dem mir heute noch die Augen zu leuchten beginnen.

Ein weiteres Wetter-Highlight waren natürlich Gewitter. Am Wochenende, in Jenesien, am Berg oberhalb von Bozen, hab ich mit dem Vater häufig die aufziehenden Gewitter beobachtet, und gemeinsam haben wir die Sekunden gezählt, zwischen Blitz und Donner, ob das Gewitter näher kommt oder sich entfernt.

Bereits im Kindergarten hab ich von aufziehenden dunklen Wolken aus dem Sarntal gewarnt, und die Lehrerinnen in der Schule fragten mich, wie das Wetter am Wochenende wird. Und beim Zeltlager der Jungschar Bozen war ich dann der „Quaxi“, der vor einem aufziehenden Hagelgewitter in Radein warnte. Das Indianerspiel wurde unterbrochen, und bald darauf hat es so gehagelt, dass die Wiesen weiß waren.

Um mal einen allgemeinen Abschluss zu machen, weil ich mir nicht so sicher war, ob ich wirklich Meteorologie studieren sollte, hab ich zuvor das Wirtschaftsgymnasium „Heinrich Kunter“ in Bozen absolviert. Schlussendlich aber inskribierte ich auf der Uni in Innsbruck das „Diplomstudium der Meteorologie und Geophysik“. Nach ein paar Jahren folgte ein einmonatiges Praktikum in der Wetterredaktion im ORF, und mit Glück bekam ich schließlich nach dem Studium eine Anstellung dort. Zuerst sagte ich das Wetter auf Ö1 und Ö2 vorher, dann auf Ö3 und im Ö3-Wecker, dann auf ORF1 in der ZiB20 und mittlerweile auch in der ZiB auf ORF2.

Irgendwann wollte ich herausfinden, ob Bauernregeln, ob Pflanzen oder das Verhalten der Tiere wirklich etwas über das Wetter der kommenden Stunden aussagen.

In diesem Buch möchte ich dir meine Erfahrung mit Tieren, Pflanzen sowie manche Erscheinungen am Himmel näherbringen, ich möchte dir Wolken beschreiben, die dir manchmal auch das Wetter der kommenden Stunden verraten, und dir verraten, worauf du bei deiner Vorhersage achten solltest. Untermalt wird das Ganze von vielen Fotos, die ich im Laufe meines Lebens gesammelt habe. Auch Wetterbeispiele werden angeführt, vielleicht kannst du dich ja an das eine oder andere Ereignis erinnern.

Ich hoffe, du nimmst aus diesem Buch etwas mit, und wenn es nur manche Bilder oder Erklärungen sind. Lass dich nicht abschrecken von dem einen oder anderen Begriff, der zu wissenschaftlich klingt, ganz ohne geht es hier dann doch nicht.

Viel Spaß beim Lesen!

Sigi Fink

Leuchtende Nachtwolken über der Gloriette in Wien, 4. 7. 2021

Wetter, Witterung und Klima

Das Wetter

Wetter ist der augenblickliche Zustand der Atmosphäre, und zwar der unteren Atmosphärenschichten (siehe Atmosphärenaufbau samt Wolkenstockwerke). Es spielt sich größtenteils in den ersten 8–16 Kilometern über dem Boden ab, 8 Kilometer etwa am Pol, 16 Kilometer hoch am Äquator. Natürlich können Gewitterwolken über 20 Kilometer Höhe hinauswachsen, das sind dann richtige Wolkenpilze mit sehr viel Wasser, Eiskristallen und auch Hagel.

Schau aus dem Fenster, und du siehst, wie das Wetter ist: Es regnet, es scheint die Sonne oder es schneit. Das Wetter vorhersagen macht Sinn, wenn es um die nächsten drei Tage geht. Alles, was noch weiter in die Zukunft reicht, wird ziemlich unsicher. Da können wir maximal Trends erfassen. Am ehesten lässt sich noch die Temperatur gut vorhersagen. Mit dem Niederschlag wird es schon schwieriger. Durch die künstliche Intelligenz wird sich da aber in den nächsten Jahren einiges tun, dann wird auch der 4. und 5. Tag mit höherer Wahrscheinlichkeit eine treffsichere Prognose gestatten.

Natürlich gibt es gewisse Wetterlagen oder Übergangswetterlagen von Frost zu Tauwetter, zum Beispiel in einem Tal, wo sich die kältere Luft unten länger hält und es darüber milder wird. Statt zu regnen, schneit es da zunächst noch, sodass die kältere Luft unten länger lagert. In dem Bereich zwischen kalt unten und warm oben kann sich Nebel oder Hochnebel ausbilden, der dann wie eine Sperrschicht auch viele Stunden danach die warme von der kalten Luft trennt.

Schwer tun sich vor allem Apps im Sommer bei Gewitterlagen, wenn alles auf einmal angezeigt wird: Sonne, Regen und Gewitter. Das liegt dann an der Lokalität des Wetterphänomens. Wenn die Sonne im Sommer in die feuchte Luft scheint, den Boden und die Berghänge erwärmt, dann aufsteigt und große Wolkentürme produziert, ist es oft schwierig, schon vor Sonnenaufgang oder noch am Vormittag zu wissen, wo genau sich ein Gewitter entladen wird.

Der Unsicherheitsfaktor ergibt sich aus den vielen kleinen Gegebenheiten – Tal, Hügel, Berghang, Bergspitze oder Gebirgsmassiv – und den sich daraus jeweils entwickelnden kleinräumigen Windsystemen. Daher kommt es schon mal vor, dass es am Ende trocken bleibt. Das Gewitter hat sich dann kilometerweit entfernt und an anderen Orten Wolkenbruch oder sogar Hagel und Sturmböen gebracht. Viele Wettermodelle können so was nicht so präzise vorhersagen und Apps leider auch nicht.

Die Witterung

So viel also zum Wetter der kommenden Stunden.

Die Witterung dagegen ist der durchschnittliche Wetterzustand oder der Wetterablauf in einer Jahreszeit. In den ersten Tagen eines Sommers war es z. B. viel zu trocken und zu heiß. Neue Temperaturrekorde wurden aufgestellt. Danach brachte eine Kaltfront für ganze zwei Wochen ziemlich regnerisches und kühles Wetter, begleitet von starkem Nordwestwind. Am 18. August 2022 bildete sich über Mallorca und Korsika eine Gewitterfront aus, die über die Südalpen nach Norden rauschte und ungewöhnlich lange heftig blieb. Bäume stürzten durch den plötzlich aufkommenden Sturm um, Gegenstande wurden durch die Luft gewirbelt. Vor allem in der Steiermark, in

Edelschrott, in Bruck an der Mur oder auch in Sankt Lorenzen im Aichfeld wütete der Sturm. Am 12. August 2023 zog über der Stadt Salzburg, von Bayern herkommend, ein kurzes, heftiges Gewitter auf, mit Orkanböen von 126 km/h. Bäume wurden entwurzelt, Äste krachten zu Boden. Am 14. September 2023 schüttete es in Langenlois aus einem Wolkenbruch binnen kurzer Zeit nicht weniger als 90l/m^2, sodass Keller überflutet wurden. Im Bezirk Krems-Land, in Lengenfeld, zerschlug ein Hagelgewitter alle Reben, der gesamte Weinjahrgang 2023 war somit für ein paar Winzer ein Totalausfall.

Das Klima

Klima ist der langfristige Zustand der Atmosphäre über viele Jahrzehnte, idealerweise 30 Jahre. Wenn du im Radio- oder Fernsehwetterbericht hörst: „Es ist für die Jahreszeit zu warm, zu kalt, zu nass oder zu trocken", beziehen wir Meteorologen uns auf das langjährige Mittel, den Mittelwert, der in der sogenannten Referenzperiode ermittelt wird. Quasi der Durchschnittswert für einen Tag, für ein Monat oder Jahr. Aktuell (im Jahr 2024) zählt die Referenzperiode 1991–2020, also die letzten 30 Jahre.

Man geht somit her und vergleicht zum Beispiel die heutige Temperatur mit der Temperatur, die am heutigen Tag in den letzten 30 Jahren gemittelt worden ist, also der Mitteltemperatur. Dann treffen wir eine Aussage, wie zum Beispiel: „Heute ist es zu kalt für einen 25. Februar." Oder wenn wir die Mitteltemperatur eines Monats mit der Mitteltemperatur des Monats der letzten 30 Jahre vergleichen: „Dieser Monat März war um 1,3 °C zu warm."

Meteorologische Parameter

Einmal ist es zu kalt, zu warm, zu feucht, schwül, trocken, dann riecht die Luft bei Wind besonders gut, wie in den Bergen, die Sicht ist schlecht oder die Fernsicht perfekt. Unsere Sinne lassen uns Wetter hautnah spüren. Manche von uns sind wetterfühlig, Föhn erzeugt Kopfweh oder Migräne, ein bevorstehender markanter Wetterumschwung lässt schon mal den Arm schmerzen, an dem du einen Bruch hattest, bei feuchtem, kaltem Wetter leiden speziell Rheumapatienten. Schwüle Hitze, also sehr hohe Temperaturen zusammen mit hoher Luftfeuchtigkeit, treibt unsere Klimaanlage Körper an ihre Grenzen, speziell ältere Menschen leiden darunter. Die Temperatur ist die meteorologische Größe schlechthin.

Die Temperatur [lat. temperatura „gehörige Mischung"]

Ist eine Zustandsgröße der Luft, der Wärmezustand der Atmosphäre. In der Physik ist die Lufttemperatur ein Maß für die Molekularbewegung der Luft, ein Maß für die Bewegungsenergie der Moleküle oder Atome eines Stoffes.

Die Lufttemperatur ist die am längsten beobachtete Größe und wichtiger Bestandteil in der Klimageschichte (z. B. in den Aufzeichnungen von Mönchen in den Klöstern oder von früheren Wissenschaftlern).

Je höher die Temperatur ist, desto größer ist die Bewegungsenergie, und desto stärker werden die Moleküle/Atome in Schwingung versetzt. Wenn die Teilchen eines Stoffes stärker schwingen, dehnt sich ein Körper aus (Prinzip eines Quecksilberthermometers).

Je kleiner die Bewegungsenergie, desto schwächer „schwingen" die Moleküle/Atome, und desto kälter ist es. Kommen die Teilchen zum Stillstand, dann ist der absolute Nullpunkt erreicht, der liegt bei –273,15 °C. Tiefere Temperaturen existieren nicht.

Die Lufttemperatur wird heutzutage in einer sogenannten weißen, gut ventilierten Wetterhütte nach Standards der Weltorganisation für Meteorologie (WMO) gemessen, und zwar zwei Meter über dem Boden. Temperaturen, wie z. B. die Anzeige über dem „Apothekerkreuz" auf der Straße, haben leider keine Relevanz, einerseits weil die Beleuchtung schon Wärme erzeugt, andererseits weil die Anzeigen auch stundenlang der Sonne ausgesetzt sind, sodass die Messung, auch wenn der Sensor etwas weiter weg liegt, verfälscht wird. Somit zeigen diese Messungen fast immer viel zu hohe Werte an.

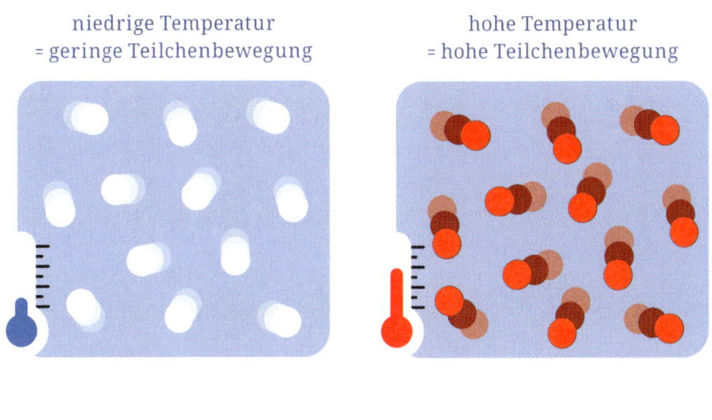

Bewegung der Teilchen – die Temperatur. Quelle: wetter.com

Heutzutage hast vielleicht auch du einen Thermometer an der Hauswand oder mittlerweile auch eine digitale Wetterstation, die mit Hilfe eines Außensensors Temperaturwerte zur Anzeige in die Wohnung übertragen. Der Außensensor oder das Thermometer sollte möglichst an der Nordseite der Wand oder an einem Fenster mit Nordausrichtung angebracht werden, da hier die Sonne nicht hinkommt und die Abweichungen der eigentlichen Temperatur möglichst gering sind. Ein Thermometer, das du auf der Terrasse anbringst, die den ganzen Tag in der Sonne liegt, verfälscht die Temperatur im Schatten erheblich.

Celsius (C), Fahrenheit (F) und Kelvin (K)

In Mitteleuropa verwenden wir die Celsius-Skala, die auf Anders Celsius (1701–1744) zurückgeht. Ermittelt wird sie durch die Phasenübergänge des Wassers. Wasser gefriert bei 0 °C, Wasser kocht bei 100 °C. Nach oben hin gibt es kein Halten, in Sachen Höchsttemperatur nach unten jedoch ist Schluss beim absoluten Nullpunkt, bei –273,15 °C.

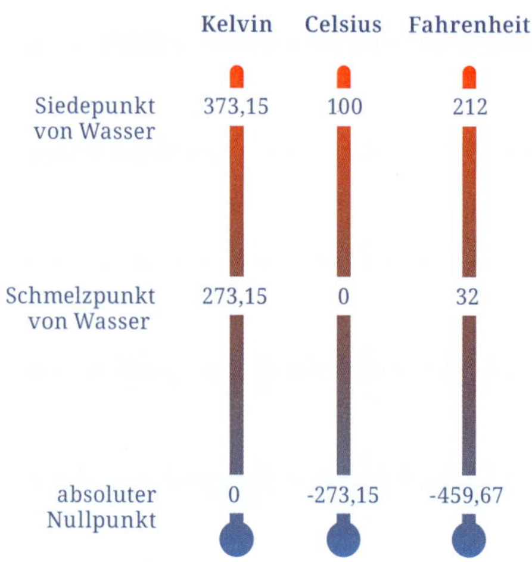

Wichtige Marker bei der Temperatur: Kelvin, Celsius und Fahrenheit

Eine andere Einteilung geht auf Lord Kelvin zurück, mit dem eigentlichen Namen William Thomson oder 1. Baron Kelvin (1824–1907). Die Skala startet mit 0 K beim absoluten Nullpunkt (–273,15 °C).

Die Fahrenheit-Skala wurde von Daniel Gabriel Fahrenheit (1686–1736) begründet. Sie wird vor allem in den USA verwendet. 0 °C sind 32 °F und 30 °C sind 86 °F.

Der Taupunkt

Taupunkttemperatur ist jene Temperatur, die anzeigt, bei welcher Lufttemperatur das Gas-Wasserdampf-Gemisch gesättigt ist. Kühlt die Lufttemperatur unter die Taupunkttemperatur ab, dann kondensiert der Wasserdampf, weil die Luft dann übersättigt ist.

Beispiele:

1) Die Nacht war ziemlich frisch, die Temperatur in der Früh beträgt 7 °C. Der Taupunkt liegt bei –2 °C. Die Luft ist klar, keine Wolke am Himmel. Zumindest der Vormittag wird mal ziemlich sonnig.
2) Nach einer frostigen Nacht sind Wolken aufgezogen, die Temperatur steigt jetzt von ursprünglich –4 °C auf 0 °C. Der Taupunkt liegt aktuell bei –3 °C. Die Luft ist also nicht so trocken wie im Beispiel vorher. Dann setzt Niederschlag ein, es beginnt zu schneien. Die Temperatur bleibt bei 0 °C, der Taupunkt steigt auf knapp unter 0 °C. An den Berghängen und im Tal sieht man Nebelbänke entstehen. Die Luft wird angefeuchtet, der Taupunkt ist fast gleich hoch wie die Lufttemperatur.

Der Taupunkt ist in der Meteorologie also ein Maß für die Feuchtigkeit, sowohl bei warmer wie auch bei kalter Luft. Ist der Taupunkt nahe der Lufttemperatur oder quasi ident mit der Lufttemperatur, dann tritt Sättigung ein, und die Luft kondensiert. Häufig entsteht dann Nebel. Es können sich aber auch einfach nur Tau oder Reif an Wiesen oder Autos ablagern, und je stärker dies der Fall ist, desto eher bleibt der Nebel aus.

Der Taupunkt ist auch ein Maß für die Schwüle im Sommer. Bei einer Taupunkttemperatur von 16 °C und mehr empfinden wir die Luft als schwül. Bei einer Lufttemperatur im Sommer von 36 °C und einem Taupunkt von 22 °C empfinden wir diese Luft als extrem schwül, und wenn noch dazu kein Wind weht, als eher stickig und ziemlich belastend.

Die Luftfeuchtigkeit

Die Luftfeuchtigkeit geht mit der Temperatur einher, nicht umsonst sagt man: „Das ist heute eine trockene Kälte“ oder „Heute ist es feucht-kalt“ oder „Heute ist eine trockene Hitze“.

Die Luftfeuchtigkeit ist der Wasserdampf, der in der Luft enthalten ist. Je größer dessen Anteil ist, desto feuchter ist die Luft (bis hin zur Sättigung, wenn Wasser kondensiert). Bestimmt hast du an einem Wintertag schon mal deinen Atem beim Ausatmen sehen können. Das sind feine Wassertröpfchen in der Luft, die nach einigen Sekunden verwirbeln und wieder verschwinden. Beim Einatmen wird in der Lunge die Luft angefeuchtet (gasförmiger Zustand, also nicht sichtbar), und beim Ausatmen in die kalte oder frostige Luft kondensiert die Atemluft, ganz feine Wassertröpfchen werden sichtbar. Das liegt daran, dass warme Luft einen bestimmten Teil an Wasserdampf aufnehmen kann. Kühlt die Luft ab, so wird der darin enthaltene Wasserdampf schwerer, bis eine bestimmte Temperatur das Wasser im gasförmigen Zustand kondensieren lässt. Der Dampf geht also über in den flüssigen Zustand und wird ausgeschieden.

Um es physikalisch genauer zu erklären: Dies hat mit der Bewegungsenergie der Wassermoleküle zu tun. Ist die Luft warm, so können sich die darin enthaltenen Wassermoleküle frei bewegen, haben eine hohe Energie und stoßen also kaum oder gar nicht zusammen. Wird dieselbe Luft abgekühlt, so verlieren die Wassermoleküle Energie, können sich nicht mehr so frei und schnell bewegen, werden quasi starrer und stoßen mit anderen Wassermolekülen zusammen. Somit entstehen die Wassertröpfchen, die dann das Sonnenlicht spiegeln. Diese Luft sehen wir als feuchten Dunst oder Nebel.

Wir verwenden in der Meteorologie die relative Luftfeuchtigkeit in Prozent, um sagen zu können, ob irgendwo feuchter Dunst oder Nebel liegt, ob die Luft glasklar ist und die Fernsicht ausgezeichnet (wobei dann immer noch der Staubanteil, wie z. B. Saharastaub, berücksichtigt werden muss), ob es irgendwo lokal föhnig ist oder nicht. Zudem kann die Luftfeuchtigkeit auch aussagen, ob es wahrscheinlicher ist, dass es an einem Ort bei einsetzendem Niederschlag und entsprechender Temperatur schneit bzw. regnet oder ob beides möglich ist.

Bei einer relativen Luftfeuchtigkeit von 100 % ist die Luft mit Wasserdampf gesättigt. Überschüssiger Wasserdampf kondensiert zu Wassertropfen, oder es entstehen Eiskristalle. Absolut trockene Luft, also eine relative Luftfeuchtigkeit von 0 %, gibt es selbst in der Wüste oder in Föhngebieten nicht, auch nicht bei sehr tiefen Temperaturen. Eine warme Luftmasse kann viel mehr Wasser halten als eine kalte Luftmasse. Das merkst du etwa in Gewitterwolken im Sommer, die sehr viel Wasser in kurzer Zeit fallen lassen können, sodass Überschwemmungen die Folge sind.

Du merkst auch bei windstillem und klarem Wetter, wenn es nachts abkühlt: Durch die nächtliche Abkühlung entsteht Tau auf den Grashalmen oder auf dem Autodach und der Autoscheibe. Es findet quasi ein Transport von Feuchtigkeit zum Boden hin statt. Wenn sich eine Oberfläche bei Temperaturen über 0°C unter die Taupunkttemperatur abkühlt, dann bildet sich Tau. Bitte aber nicht mit Niederschlag verwechseln, Tau ist nämlich flüssiger Beschlag. Es findet dabei ein Phasenübergang vom Wasserdampf zu flüssigem Wasser statt (auch Kondensation genannt).

Wenn die Taubildung stark ausfällt, dann entsteht kein Bodennebel, wenn sie nicht allzu stark ausfällt, dann besteht die Wahrscheinlichkeit, dass Bodennebel entsteht.

Kühlt sich eine Oberfläche bei Temperaturen tiefer als 0 °C unter die Taupunkttemperatur ab, so entsteht Reif. Wir gehen über vom gasförmigen Zustand (Wasserdampf) in den festen Zustand (Reif), auch „Resublimation“ genannt. Fällt die Temperatur nachts auf 0 °C und tiefer, dann ist die Wahrscheinlichkeit bei Windstille und klarem Himmel groß, dass am Auto Reif entsteht. Dann heißt es in der Früh Eiskratzen.

Reif und Tau machen den Himmel blau.
Starker Tau hält den Himmel blau.
Sind abends über Wies’ und Fluss Nebel zu schauen,
wird die Luft anhaltend schön Wetter brauen.

Regionen oder Geländeflächen, die besonders viel Tau, Nebel oder Reif haben, sind häufig schlecht geeignet für den Anbau kälte- oder frostempfindlicher Pflanzen.

Wie Reif ist auch Raureif eine weitere Form von Beschlag und keine Niederschlagsform. Niederschlag fällt zu Boden, kondensierter Wasserdampf, der an Objekten oder Hindernissen in fester Form anfriert oder sich in flüssiger Form absetzt, wird Beschlag genannt. Raureif entsteht durch Resublimation von Wasserdampf in feste Form, es bilden sich Eisnadeln oder Eisschuppen an Pflanzen und Gegenständen. Meist sind diese Eisschuppen oder Eisnadeln locker, fein strukturiert und zerbrechlich. Raureif wächst sehr langsam. Voraussetzung für die Entstehung von Raureif sind eine hohe Luftfeuchtigkeit (über 87 %), schwacher Wind und eine Temperatur unter –8 °C.

Eine Sonderform des Raureifes sind Eisblumen an Fensterscheiben, die allerdings selten geworden sind, da die meisten Fenster gut isoliert sind bzw. es nicht mehr so häufig klirrend kalt wird.

Oben: Raureif, Mitterteich in der Oberpfalz in Bayern, 17. 12. 2016, Unten: Eisblumen am Fenster, Wien, 22. 11. 2022

Das Raueis besteht aus Ablagerungen von unterkühlten Wassertröpfchen in der Luft. Es handelt sich also wieder um Nebelfrostablagerung, die an Bäumen oder Strommasten entstehen. Der ideale Temperaturbereich liegt zwischen –10 und –2 °C. Spielt der Wind mit, kann es schon mal vorkommen, dass mehrere Zentimeter dicke Raueis-Ablagerungen wachsen, ganze Eisgebilde. Stärkerer Wind begünstigt also die Entstehung dieser Eisgebilde.

Dann hab ich im Hinteren Bayerischen Wald in einer Mulde beim Wandern ein ganz besonderes Eisgebilde entdeckt, das noch kaum erforscht ist und immer noch Rätsel aufgibt, sogenanntes Haareis.

Das Haareis wird auch Eiswolle oder Engelshaar genannt, da es, zum Teil lockig, wirklich wie die Engelshaar-Büschel vom Christbaum ausschaut. Es entsteht auf Totholz, das auf dem Waldboden liegt. Damit dieses Eisgebilde entsteht, muss ein bestimmter Pilz vorhanden sein, und zwar Exidiopsis effusa (Rosagetönte Gallertkruste).

Übergang vom dünnen Eispanzer zum Raueis in Ratzersdorf, 2. 1. 2021

Oben und unten: Haareis, 14. November 2016, im Bayerischen Wald, am Kaitersberg

Experiment: Die Kieferzapfen-Messstation

Kieferzapfen haben die Eigenschaft, dass ihre Schuppen bei Feuchtigkeit aufgehen, um die Samen zu verlieren, die über den Wind weggewirbelt werden und anderswo dann im Erdboden, wenn es feucht ist oder regnet, auch nach Tagen keimen können. Dieses Prinzip des Öffnens und Schließens der Kiefernzapfen können wir uns zunutze machen, indem wir daraus eine Art Messstation basteln, die uns anzeigt, ob die Luft feucht oder trocken ist.

Wenn du mal in den Bergen unterwegs bist, dann sammle doch mal ein paar Kiefernzapfen (auf Südtirolerisch: Tschurtschen). Entferne die Samen zwischen den Schuppen und befestige mit einem Kleber einen Zahnstocher auf einer Schuppe. Du kannst auch einfach nur eine Stecknadel nehmen und in eine Schuppe stecken.

Dahinter platziere ein aufgestelltes Stück Papier oder Karton, auf dem du oberhalb der gedachten „Normallinie" eine Regenwolke (feucht) und unterhalb der Linie eine Sonne zeichnest (trocken).

Ist eine Oberfläche nass und weht der Wind, dann kühlt diese durch Verdunstung. Auch an unseren Pflanzen am Balkon oder im Garten findet Verdunstungskühlung statt. Wasser verdunstet nicht nur am Boden, sondern auch an den Blattflächen. Dies hat einen kühlenden Effekt zur Folge, grüne Städte haben also eine Spur weniger an Hitze zu leiden als sogenannte „Beton-Städte", wo es nur wenige Grünflachen gibt.

Wenn die Luft ziemlich feucht ist, dann schließen sich die Schuppen der Kiefernzapfen fast zur Gänze und der Stecknadelkopf zeigt auf die feuchtere obere Hälfte. Ist die Luft trocken, öffnen sich die Schuppen, und der Stecknadelkopf oder Zahnstocher zeigt in Richtung Sonne.

Der Heat-Index

Der Heat-Index (Hitze-Index) gibt die gefühlte Temperatur im Schatten an. Sie setzt sich zusammen aus der aktuellen Lufttemperatur (im Schatten) und der relativen Luftfeuchtigkeit in Prozent.

- Heat-Index unter 32 °C: Länger anhaltende körperliche Aktivität führt zu Erschöpfungserscheinungen.
- Heat-Index zwischen 32 und 40 °C: Sonnenstich, Hitzekrampf und Hitzekollaps möglich.
- Heat-Index zwischen 40 und 54 °C: Sonnenstich, Hitzekrampf und Hitzekollaps wahrscheinlich, Hitzeschlag möglich.
- Heat-Index über 54 °C: Erhöhte Gefahr vor Hitzeschlag und Sonnenstich.

wetter.com

Luftfeuchtigkeit \ Lufttemperatur	28°C	30°C	32°C	34°C	36°C	38°C	40°C
30%	29°C	33°C	34°C	37°C	40°C	44°C	47°C
40%	31°C	34°C	37°C	40°C	44°C	47°C	51°C
50%	33°C	36°C	40°C	43°C	47°C	51°C	55°C
60%	35°C	39°C	42°C	46°C	50°C	55°C	59°C
70%	37°C	41°C	45°C	49°C	54°C	58°C	63°C
80%	39°C	43°C	48°C	52°C	57°C	62°C	67°C
90%	41°C	46°C	50°C	55°C	60°C	66°C	71°C

Quelle: Climate Service Center

Tabelle: Hitze-Index. Hohe Temperaturen und hohe Feuchtigkeit machen vielen im Sommer schwer zu schaffen. Quelle: Climate Service Center / wetter.com

Der Luftdruck

Der Luftdruck steigt: Es wird sonnig oder es fällt (im Winter oder Spätherbst) Nebel ein. Der Luftdruck fällt: Die Wolken werden dichter, und Regen kommt auf. Es kann auch passieren, dass der Luftruck fällt, plötzlich starker Wind auffrischt und dabei der Luftdruck wieder stark ansteigt, das wäre dann eine sogenannte „Druckwelle“, stark vereinfacht gesagt: ein Frontdurchgang ohne Niederschlag.

Der Luftdruck ist ein guter Indikator für Wetteränderungen. Er ist, stark vereinfacht gesagt, das Gewicht der Luft auf einer Fläche. Das kann man sich wie eine Säule über dem Erdboden oder dem Meeresspiegel vorstellen.

Am Berg ist die Luftsäule kleiner und ihr Gewicht geringer, also der Luftdruck niedriger. Am Meer ist die Luftsäule größer, höher, und somit lastet hier mehr Gewicht auf die Fläche. In diesem Beispiel hier 1013,25 hPa (Hektopascal, anders auch häufig mbar genannt). Im Vergleich: Wenn du dir am Berg die Gasteiner Höhe vorstellst, mit einer Höhe von 1994 m oberhalb von Dorfgastein (aufgerundet 2000 m), dann beträgt der Luftdruck dort 946 hPa, das sind 93,36 % des Luftdrucks auf Meeresniveau.

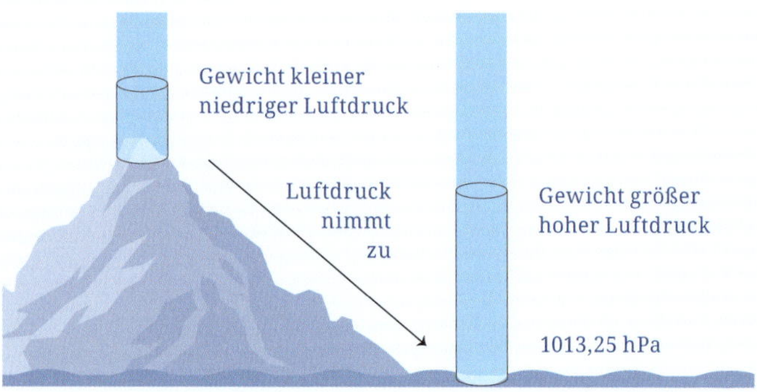

Luftsäule über dem Berg, hier ist das Gewicht der Luftsäule an einem Punkt geringer. Luftsäule über dem Wasser/am Meer oder in einer Ebene, hier ist das Gewicht der Luftsäule an einem Punkt größer.

Zum Messen des Luftdrucks gibt es diverse digitale Geräte. Früher war das Dosenbarometer üblich, auf dem ein Zeiger anzeigt, ob der Luftdruck fällt (der Pfeil schlägt nach links aus), das bedeutet „Schlechtwetter", oder steigt (der Pfeil schlägt nach rechts aus), das bedeutet „Schönwetter". Oben in der Mitte liegt der Luftdruck bei 1013 hPa (Hektopascal), das ist der sogenannte „normale Luftdruck" auf Meeresniveau. Hoher Luftdruck ist aber nicht zwingend mit sonnigem Wetter verbunden, es können sich auch Nebelwetterlagen im Spätherbst oder Winter bilden.

Der tiefste Luftdruck der Erde wurde am 12. Oktober 1979 im Taifun „Tip" westlich von Guam (Mikronesien) gemessen, mit einem Kerndruck von 870 hPa, der höchste am 19. Dezember 2001 in Tosontsengel in der Mongolei mit 1084,8 hPa.

Auf manchen festgeschraubten Barometern an der Hauswand oder im Schwimmbad oder vor einer Berghütte sieht man auch Angaben, die möglichst einfach beschreiben, was für ein Wetter bei welchen Änderungen auftritt:

- kaum verändert: schwach windig, beständiges Wetter;
- langsam steigend: Wind flaut ab oder lässt nach, sonniges Wetter;
- schnell fallend: Es wird stürmisch, Schauer und Gewitter ziehen auf;
- langsam fallend: windiges Wetter, trüb mit Regen oder Schneefall.

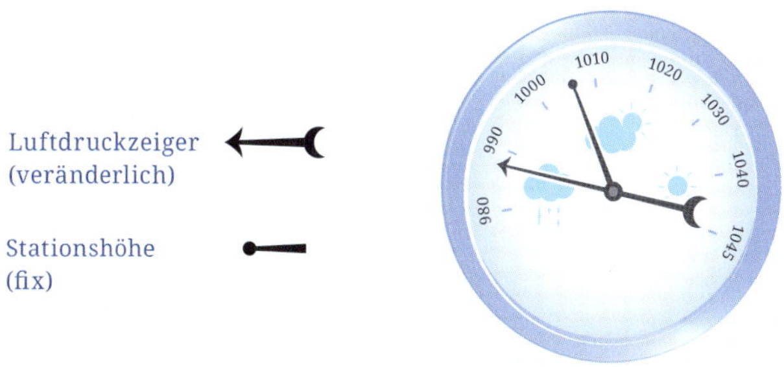

Dosenbarometer, Zeiger nach links = fallender Luftdruck, das Wetter schlägt um, Regen oder Schnee kommen. Zeiger nach rechts = steigender Luftdruck, das Wetter wird besser.

Da kann der Luftdruck bei über 1020 hPa liegen, und der Himmel ist trotzdem grau oder es nieselt daraus oder schnieselt (schneit ganz leicht). Das ist häufig vom Spätherbst bis in den Winter hinein der Fall.

Da die Anzeige des Luftdrucks höhenabhängig ist, wäre es von Vorteil, bei der Anschaffung eines Messgeräts den Luftdruck selbst einzustellen (grobe Regel: 10 hPa ergeben 80 m Höhendifferenz). Am besten, man schaut sich den Luftdruck auf einer Karte an einem bestimmten Tag an und gleicht diesen auf den aktuellen Wert an (auf Meeresniveau, oder auf den Wert, den der jeweilige Ort hat).

Das Gewicht der Luft spüren wir nicht. Die Schwerkraft zieht die Luft zum Boden hinab. Wenn bei Bergsteigern die Luft „dünn“ wird, dann liegt das am Sauerstoffgehalt der Luft, der abnimmt. Das Gewicht der Luft ist für den menschlichen Körper vernachlässigbar und nicht fühlbar. Sehr wohl spüren wir hingegen, wenn der Luftdruck schnell steigt oder fällt, etwa wenn wir mit einem Lift viele Stockwerke hinauffahren, oder wenn der Zug durch einen Tunnel fährt oder das Auto die Bergstraße schnell hinunterfährt. Dann gibt es zwischen Innenohr und draußen minimale Druckunterschiede, auf die das Trommelfell reagiert: Die Ohren fallen einem zu. So mancher wird auch schon mal festgestellt haben, dass die Plastikflasche, aus der man getrunken hat, beim Hinauf- oder Hinunterfahren plötzlich einen lauten Knall macht. Das liegt daran, dass sich die Luft innerhalb der Plastikflasche beim Hinauffahren ausdehnt (weil der äußere Druck abnimmt) oder beim Hinunterfahren zusammenzieht (weil der äußere Druck größer wird).

Auf den Wetterkarten, etwa in der Zeitung oder im Fernsehen, sieht man manchmal Linien über Europa, und in Zentren ein H (für Hoch) oder ein T (für Tief). Die Linien verbinden Orte mit gleichem Luftdruck, das sind sogenannte Isobaren.

Experiment: Wolke selbst erzeugen

Nimm eine Plastikflasche, am besten eine mit relativ elastischem Plastik, die du auch zusammendrücken kannst. Füll sie mit etwas

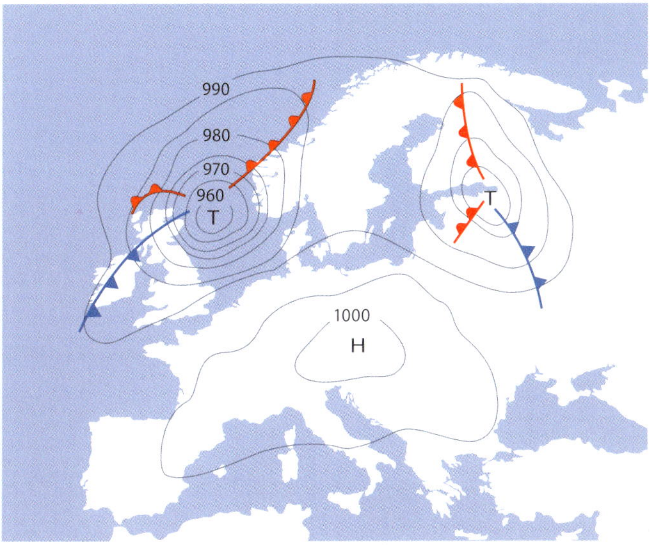

Boden-Luftdruckkarte von Europa mit den Isobaren (Linien gleichen Luftdrucks)

Wasser. Zünde ein Streichholz an, lass es kurz brennen, blas die Flamme dann aus und wirf das Streichholz in die Flasche. Deckel drauf und verschließen.

Durch das Wasser haben wir genug Luftfeuchtigkeit in der Flasche, während die Aeorosole, also der Rauch des verlöschten Streichholzes, Kondensationspartikel darstellen, an denen sich Wassertröpfchen bilden können. Kipp die Flasche mehrmals auf den Kopf und wieder zurück, damit sich der Rauch (die Aerosole) im Inneren gut verteilt hat. Dann drück die Flasche zusammen, die Moleküle aus Wasser (Wasserdampf) liegen dann eng beisammen mit den paar Partikeln, die der Rauch erzeugt hat. Die Luft wird komprimiert, erwärmt sich, und die kleinen Wassertröpfchen (Nebel) verdunsten. Lass nun die Flasche los. Die Wasserdampfmoleküle im Luft-Rauchpartikel-Gemisch entfernen sich beim Loslassen der Flasche voneinander, dadurch kühlt die Luft ab und kondensiert zu sichtbaren Wolkentröpfchen.

Diesen Abkühlungseffekt nennt man auch Joule-Thomson-Effekt.

Wolke erzeugen: Wirf das gelöschte Streichholz in die Flasche und verschließe sie. Wenn du die Flasche drückst, wird der Schleier im Inneren weniger, lässt du los, wird die Luft in der Flasche wieder feuchter (rechts), die Luft kondensiert.

Der Wind

Je enger die Linien gleichen Luftdrucks z. B. über Mitteleuropa beieinander liegen, desto stärker weht hier der Wind (abgesehen von kleinräumigen Eigenschaften, wie Tal-Geometrie, d. h. ist das Tal Nord-Süd ausgerichtet, gibt es im Tal Plateaus oder Erhebungen und Senken). Warum aber weht der Wind an einem Ort stärker und am anderen Ort weht er eher nur schwach?

Bei großen Druckunterschieden auf engem Raum muss der Wind her, um diesen Unterschied auszugleichen. Je enger die Drucklinien auf einer Luftdruckkarte beieinander liegen, also je größer der Druckunterschied auf engstem Raum ist, desto stärker weht der Wind. In einem großräumigen Hoch, wo es kaum Druckunterschiede gibt, ist auch der Wind schwach.

Wenn beim Wetter nicht viel los ist, also relativ windschwache Verhältnisse ohne Frontdurchgänge herrschen, wie beispielsweise an einem ruhigen Sommer- oder Herbsttag, dann lassen sich gewisse Zirkulationsmuster besonders gut darstellen, auch hier wiederum zeigen sich in den Alpen für die Region typische Muster.

Eines davon ist zum Beispiel in Nordtirol das Ein- und Ausfließen, also der Ost- und Westwind im Inntal. Wir gehen jetzt mal von geringen Druckunterschieden über den Alpen aus, in der Größe von wenigen Hektopascal. Es kann durchaus passieren, dass wenig Druckunterschied schon einen großen Effekt auf den Wind hat.

Beispiel:
Stell dir vor, im Inntal ist es im Tiroler Oberland, etwa rund um Landeck und Imst, bewölkt, nicht sonderlich kalt, da die Wolkendecke die nächtliche Auskühlung gedämpft hat (der Luftdruck ist etwas tiefer). Im Unterland war der Himmel über Nacht klar, es konnte stärker auskühlen (der Luftdruck ist hier höher). Der Wind weht streckenweise in Richtung Oberland, hat aber keine klare Richtung, ist zum Teil wechselnd in der Richtung, weil zu schwach.

Das ist der Grundzustand vor dem Sonnenaufgang.

Geht die nun Sonne auf, dann erwärmt sie rasch den Boden und die Berghänge im Tiroler Unterland, die Luft wird „nach oben gezogen", am Boden entsteht quasi ein leichter Unterdruck, ein Sog, zu dem die Luft hinströmen muss, um diesen Unterdruck auszugleichen. Nach und nach ergibt sich im Unterinntal ein Windmuster: Der Wind schlägt (bei gleichbleibendem Wetterzustand) eine Richtung ein und kann schwach oder stärker wehen. Da der Wind vom Hoch zum Tief weht, strömt die Luft vom Oberinntal in Richtung Innsbruck und weiter nach Jenbach und Kufstein im Unterinntal. Ist es im Alpenvorland, in Bayern, auch klar und sonnig und erwärmt sich dann auch dort die Luft, dann stellt sich auch bei Kiefersfelden ein West-/Südwestwind ein. Die Meteorologen nennen den auf West drehenden und aus West wehenden Wind „Ausfließen" (Westwind).

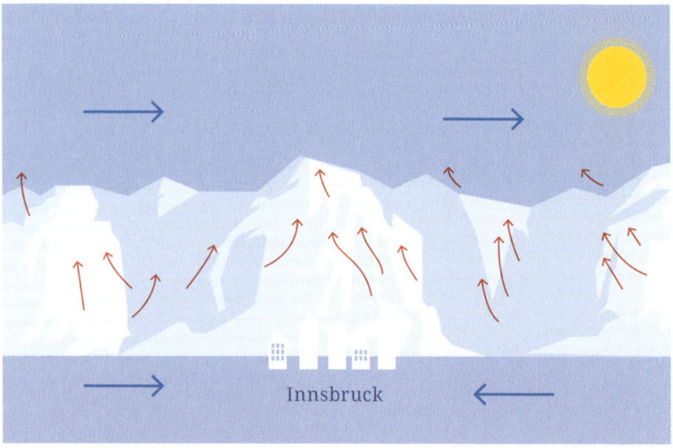

Wind im Inntal. Die Sonne erwärmt die Berghänge über dem Inntal. Luft steigt auf. Darüber verläuft eine entkoppelte Höhenströmung, im Tal gibt es Taleinwind oder Talauswind.

Der Westwind, der sich einstellt, zerreißt dann bald einmal auch die Wolkendecke im Oberland, die Wolken lösen sich auf, es wird überall sonnig, der Temperatur- und Druckunterschied gleicht sich dann aus, und der Wind lässt wieder nach.

Umgekehrt gibt es das Einfließen (Ostwind), also den Wind von Kufstein her ins Oberland, in Richtung Hall und Zirl wehend.
Solche Zirkulationsmuster kann man auf alle Tal- und Bergregionen übertragen, zum Beispiel in Vorarlberg im Rheintal (schwacher Südwind oder Nordwind), im Raum Bludenz (schwacher Südostwind oder Nordwestwind), im Salzburger Tennengau, die Salzach entlang bei Kuchl und Golling (schwacher Südwind oder Nordwind), in der Steiermark im Ennstal rund um Schladming, Haus und Gröbming (schwacher Westwind oder Ostwind), in Oberösterreich im Almtal bei Grünau (schwacher Südwind oder Nordwind), in Südtirol im Eisacktal bei Albeins und Kollmann (schwacher Nordwind oder Südwind), in Osttirol im Iseltal bei Matrei und Ainet (schwacher Nordwestwind oder Südostwind), in Kärnten in Lurnfeld oder Spittal an der Drau (schwacher Nordwestwind oder Südostwind) oder in der

südlichen Steiermark die Mur entlang bei Gratkorn, Kalsdorf oder Wagna (schwacher Nordwestwind oder Südostwind).

Ich betone hier extra, dass die Windstärke schwach ist, weil es sich in diesem Beispiel nicht um Föhn handelt, sondern eben idealerweise um eine Art Einfließen und Ausfließen, ohne sprunghafte Erwärmung durch Föhn.

Alpines Pumpen

Wenn wir unsere Sicht jetzt von oben auf den gesamten Alpenbogen lenken, einschließlich der größeren Täler, so ergibt sich bei ruhigem Wetter ein Zirkulationsmuster, das sich nachts anders verhält, nämlich verkehrt herum (Ausfließen aus den Tälern), als tagsüber (Einfließen vom Flachland in die Täler).

Geht die Sonne auf, so wärmen sich, wie im Beispiel Nordtirol, die Berghänge nördlich des Inn oder an den Ostflanken auf. Die Luft strömt zu den größeren Gebirgsmassiven hin und zieht die Luft von den Seiten an. Natürlich ergeben sich zeitlich und örtlich Unterschiede, etwa wie früh der Taleinwind am Gardasee und von Verona aus in Richtung Trient und Bozen weht, oder wann der Wind von Steyr in Richtung Gesäuse weht.

Das Gleiche gilt für den Latemar-Gebirgsstock der Dolomiten in Südtirol mit dem Eggental. Die Sonne heizt die Berghänge auf, die Luft steigt dort nach oben und zieht vom Taleingang bei Karneid (in der Skizze A) und Kardaun die Luft ins Tal hinein in Richtung Eggen und Welschnofen. Und auf der hinteren Seite des Gebirgsstocks, im Fleimstal bei Predazzo (in der Skizze B), zieht die Luft den Berghang hinauf. Über den Berggipfeln des Latemar-Massivs kommt dann die Höhenströmung zum Tragen, die in diesem Fall nichts mit den darunterliegenden Windmustern zu tun hat.

Die Luft steigt auf und zieht Luft quasi von unten nach, beginnend an den Hängen in den Seitentälern. Idealerweise stellt sich dann für den Tag eine Strömungsrichtung auch im Haupttal, einem breiten Tal, wie dem Eggental, ein. Das muss natürlich nicht immer der Fall sein: Denn bei Frontdurchzug mit Regen oder Schneefall

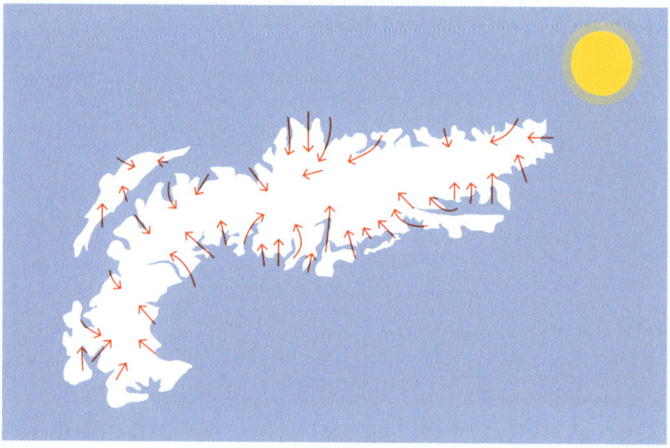

Alpines Pumpen während des Tages. Die Sonne wärmt die Berge der Alpen, die Luft steigt auf und strömt von allen Seiten daher (idealisiert).

erzeugen aufziehender Regen und Schneefall selbst zuvor lokale Windmuster. Und wenn etwa der Regen vom Tal zum Berg zieht, dann entsteht dadurch der Taleinwind zum Berg hin. Zieht der Regen vom Berg zum Tal, dann entsteht (durch Luftverdrängung) noch vor dem ankommenden Regen oder Schneefall ein Bergwind.

Aber wieder zurück zum Idealfall, wenn kein Regen oder Schneefall aufzieht. Die Luft strömt quasi im größeren Maßstab zu den mächtigen Gebirgsgruppen hinauf und zieht im Laufe des Tages (über Mittag) die Luft von allen Seiten an. (Anmerkung: Das tut sie nicht im Detail, aber in einer allgemeinen Idealvorstellung, damit wir uns den groben Vorgang merken können.)

Nachts ergibt sich in unserem Idealfall, wenn keine Front aufzieht oder sich kein Tief nähert, der umgekehrte Effekt: Zunächst lässt der Hangaufwind mit der untergehenden Sonne nach, vorübergehend gibt es keinen oder kaum Wind. Dann dreht die Zirkulation um und kalte (oder im Sommer kühle) Luft, die du dir als schwerere Luft vorstellen musst, strömt die Berghänge nach unten in die Täler. Das fühlt man häufig an lauen Sommerabenden, wenn nach Sonnenuntergang die Luft sanft von weiter oben herunterweht. Hat der Bauer weiter oben

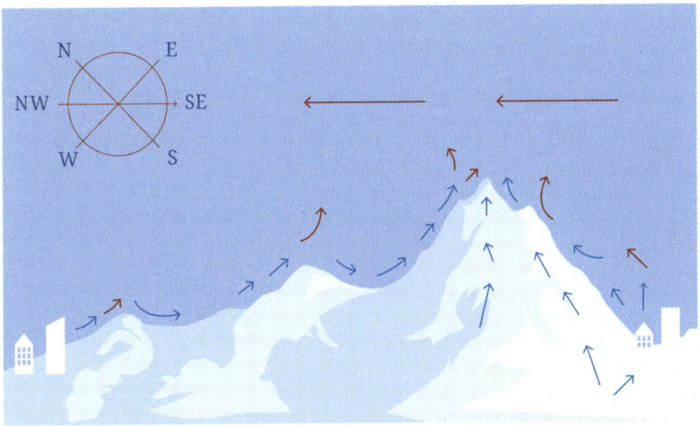

Taleinwind von Karneid – Punkt A (links im Bild) – in Richtung Latemar. Auf der anderen Seite, in Predazzo im Fleimstal – Punkt B (rechts im Bild) –, strömt die Luft auch den Berghang hinauf. Darüber weht in diesem Fall Südwind, eine südliche Höhenströmung.

frisch das Gras gemäht und an der Sonne getrocknet, dann duftet es weiter unten im Tal nach Heu. Daher kommen dir abends manchmal besondere Gerüche entgegen. Auch der Duft von Blumen, wie jener der großen Jasminsträucher, die ich zu Hause weiter oben am Berghang angepflanzt habe, weht beim abwärts gerichteten Wind herunter.

Im Alpenvorland, etwa in Bayern, passiert abends während des Sonnenuntergangs Folgendes: Es kühlt langsamer aus, die Wärme des Tages strahlt hier noch länger vom Boden nach oben hin ab. Dabei entsteht ein Unterdruck oder Sog (Mini-Tief). Als Beispiel: Die Luft strömt vom Inntal hinaus zum Mini-Tief nach Bayern in Richtung Raubling und Rosenheim. In Rosenheim als größerer Stadt kommt dann noch eine Art „Stadteffekt“ dazu, wobei wärmere Luft noch einmal aufsteigt. Auch an dieser Stelle sei angemerkt, dass alles immer bei schwachen Windverhältnissen passiert, also etwa bei einer sommerlichen Hochdruckwetterlage mit sonnigen Tagen. Wenn der kräftige Westwind eines Tiefs von Westen her auffrischt, zählt der Effekt des Alpinen Pumpens nicht mehr. Ist das Tief groß genug, breiten sich Regen oder Schneefall aus oder kommt Sturm auf.

Berg- und Talwind im Gebirge

Wenn du schon mal auf dem Berg wandern warst, hast du vielleicht bei der Hinfahrt die Bäume in den engeren Tälern beobachtet. Am Vormittag und Nachmittag sind bei druckschwachen Wetterlagen, bei sonnigem Wetter (ohne Föhn, weil dann ist es regional anders), die Blätter der Laubbäume im Bachbett nach oben gerichtet, zum Berg hin, denn der Wind weht nach oben. Bei der Rückfahrt spätabends ist es umgekehrt, da drehen sich die Blätter durch den Wind in Richtung Tal.

Wärmt die aufgehende Sonne die Berghänge, dann strömt die Luft nach oben, und die Talluft zieht auch allmählich hinauf. Das ist der sogenannte Talwind. Abends verlassen die letzten Sonnenstrahlen die höchsten Gipfel, es wird dunkel, die Luft kühlt rasch ab. Vorübergehend lässt der Wind nach, zieht stellenweise schon nach unten. Kältere Luft ist schwer und fließt nach unten. Der Bergwind schaltet sich am Berghang ein, der Wind weht nun zum Tal hinunter.

Landwind und Seewind (Meereswind)

Wenn du am Meer Urlaub gemacht hast, hast du vielleicht bemerkt, dass der Wind bei Hochdruckwetter (bei sonnigem Wetter mit wenigen Haufenwolken) ziemlich böig vom Meer her auf dich zuweht. Abends lässt der Wind nach. Das liegt hier wieder an den unterschiedlichen Temperaturen der Boden- und Wasserflächen.

Am Tag heizt die aufgehende Sonne den Strand und die Landflächen im Landesinneren auf, die Luft steigt auf, am Boden entsteht ein schwaches Tief. Oben kühlt die Luft ab, strömt zum Meer hinaus und sinkt dort nach unten, es entsteht ein kleines Hoch. Von der Meeresoberfläche wird die Luft zur wärmeren Landfläche gezogen, der Wind weht bodennah vom Meer zur Küste oder zum Strand.

So was kannst du super an der Adria beobachten, etwa rund um Rimini oder Riccione. Dort haben wir früher als Familie immer Urlaub gemacht, und ich konnte das sehr gut beobachten. Wenn die große, orange-rote Sonne (sie scheint beim Unter- und Aufgehen nur größer durch Brechung des Lichts an den bodennahen Luftschichten) hinter den Hotels im Westen untergegangen ist, hat der stärkere Meereswind plötzlich nachgelassen. Dann hat der Wind wechselnd geweht, mit Pausen, und hat sich schlussendlich in die entgegengesetzte Richtung zum Meer hinaus gewendet.

Die beschriebene Zirkulation hat sich somit am späteren Abend umgedreht. Dann ist nämlich das Meer wärmer als der sich abkühlende Strand und die sich abkühlenden Landflächen. Wenn das Land kühler ist als das Meer, dann dreht sich die Zirkulation um, und über dem Meer beginnt die Luft aufzusteigen. Über dem Meer entsteht ein Tief, und über dem Strand/dem Land ein Hoch.

Wenn das Meer sehr warm ist, wie in tropischen Regionen, hast du, falls du dort schon mal Urlaub gemacht hast, vielleicht nachts bei Mondschein beobachten können, wie plötzlich über dem Meer große Wolkentürme entstanden sind und es draußen am Horizont geblitzt hat. Das liegt unter anderem daran, dass über dem warmen Meer nachts die warme und feuchte Luft aufsteigt. Wenn die Luft noch Auftrieb bekommt und der Prozess weiter anhält, dann entstehen nachts draußen über dem Meer Gewitterwolken. Das hab ich vor vielen Jahren in Khao Lak in Thailand beobachtet: Nachts sind plötzlich über dem warmen Meer draußen die Wolkentürme in den Himmel geschossen.

Der Wind, die Lichter der Stadt und die Sterne

Manchmal, wenn der Himmel besonders klar ist und kaum Dunst in der Luft liegt, und wenn im Idealfall noch der Wind weht, dann sind selbst in den größeren Städten mehr Sterne als üblich zu erkennen. Besonders schön ist die Milchstraße in lichtarmen Zonen (fernab von größeren Städten, vielen Dörfern in einer Talschaft, Skipisten oder Fußballplätze mit Flutlicht) zu erkennen. Das kann auch schon eine Wiese außerhalb der Stadt sein, da siehst du nicht nur die hellsten Sterne funkeln. Und das Funkeln ist wörtlich gemeint. Es gibt Nächte, da sind die Sterne nur als Lichtpunkte zu sehen. Und dann gibt es Nächte, da funkeln sie besonders schön, in abwechselnder Reihenfolge von einem leichten Blau bis zu einem Weiß. Das liegt an

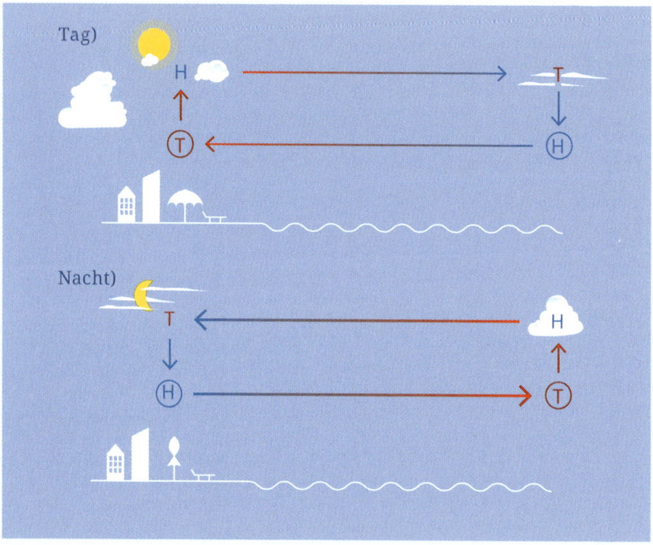

Zirkulation von Land- und Seewind (Meereswind) am Beispiel Riccione an der italienischen Adriaküste bei Tag und bei Nacht. Das „T" steht für das kleinräumige Tief, das „H" für das kleinräumige Hoch.

Links: Eine abregnende und zusammenfallende Gewitterwolke vor der Küste Thailands bei Khao Lak, 3.5.2012. Rechts: Nahe den Similan-Inseln nächtliches Blitzlichtgewitter, durch das warme Meerwasser sind hier nachts relativ schnell Gewitter entstanden, 4.5.2012

Dichteunterschieden, sprich Temperaturunterschieden in der Luft bzw. an Turbulenzen in der Luft.

Besonders in windigen Nächten funkeln die Sterne stärker. Auch wenn man aus dem Fenster schaut und über die Stadt oder das Dorf blickt und in der Ferne die Lichter funkeln sieht, dann liegt das meist am Wind. Daher kannst du dir merken:

Funkeln die Sterne oder die Lichter der Stadt besonders intensiv, dann lässt dies auf Turbulenzen und böigen Wind schließen. Wenn der Himmel voller Sterne ist und die Nacht, wie vorhin beschrieben, sehr klar, dann steht in den kälteren Monaten eine besonders kalte Nacht bevor (außer bei Wind wie dem Föhn). Ist der Himmel voller Stern, ist die Nacht voll Kälte gern.

Der Wind macht den Zug oder die Musik lauter

Weht der Wind aus der Richtung, wo gerade ein Festival stattfindet, etwa auf den Talferwiesen in Bozen, dann ist die Musik bis in die Altstadt hinein zu hören. Das kam immer wieder im Sommer vor, als wir noch in der Stadt wohnten. Das hatte allerdings nicht viel zu bedeuten, weil Westwind in Bozen nicht gerade einen Wetterumschwung andeutet. Anders aber, wenn man plötzlich in der Altstadt den Zug vom Bahnhof viel weiter südlich hören konnte.

Dann sagte mein Vater immer: „Wenn man die Hupe vom Zug hört, dann schlägt das Wetter um.“ Wenn das Hupen des Zuges oder das Horn bzw. das Durchfahren auf den Gleisen an einem Ort zu hören ist, wo dies normalerweise nicht der Fall ist, dann deutet das auf eine mögliche Wetteränderung hin. Und aufkommender Südwind in Bozen, vor allem abends, nach einer windstillen Phase, lässt auf eine Wetterumstellung schließen.

Genauso hat sich das Wetter geändert, wenn ich an einem klaren, ruhigen Abend (manchmal auch bei Gewittern über dem Rosengarten in den Dolomiten) unterhalb von Jenesien in 900 m Höhe den Zug aus Bozen (mit leichtem Südostwind) hören konnte.

Wenn der Zug zu hören ist (wo man ihn normalerweise nicht hört), dann deutet das möglicherweise darauf hin, dass das Wetter umschlägt.

Frischt also abends plötzlich der Wind auf, was er ja normalerweise nicht tut, dann ist eine Wetteränderung in Sicht. Normalerweise stellen sich nämlich nachts stabilere Wetterverhältnisse ein, der Wind ist schwach, die Luft fließt den Berghang hinunter oder vom Tal ins Flachland.

Besonders beeindruckend kann am Abend aufkommender Südwind in Salurn, Kurtatsch oder eben in Jenesien oberhalb von Bozen sein. Nicht selten frischt der Wind dann stark böig auf und bringt aus der Poebene feuchtere Luft (oft auch mit vielen Aerosolen). Du kannst dann regelrecht zuschauen, wie die dunstige Luft in der Nacht (bei hellerem Mondlicht) vom Trentino (Trient) her ins Bozner Unterland eindringt und nach und nach auch den Raum Bozen erreicht. Südwind schaltet sich nachts immer dann ein, wenn sich eine Front nähert oder ein starkes Tief über Westeuropa näherkommt. Es muss dann zwar am nächsten Tag nicht regnen, aber es kann verbreitet Hochnebel geben. Auch dabei ist der Unterschied vom wolkenlosen Sonnenuntergang am Abend und dem darauffolgenden nebelverhangenen Morgen markant.

Kommt am Abend oder in der Nacht plötzlich Wind auf, dann ändert sich das Wetter.

Und hier betone ich bewusst, „das Wetter ändert sich“. Denn wenn plötzlich Föhn aufkommt, ist der nächste Tag sonnig bzw. wird es nach einem regnerischen Tag zumindest trocken und eine langsame Wetterbesserung tritt ein.

Der Stadteffekt: Der Wind räumt die Wärmeinsel auf

Größere Städte haben, was Temperaturen, Wind und sogar manchmal Wolkenentstehung betrifft, auch Einfluss auf unser Wetter und uns Menschen.

Links: Die Mair in Plun Hütte auf der Villanderer Alm mit dem Kometen „Neowise" am 12. Juli 2020 gegen 4 Uhr früh. Rechts: Der Komet „Neowise" am 12. Juli 2020 über der Villanderer Alm. Aufnahme von 3:30 Uhr in der Früh

Durch die am Tag gespeicherte Wärme steigt die Luft an windschwachen Tagen über der Großstadt auf. Dabei kann es idealerweise dann vorkommen, dass sich im Laufe des Abends nach einem ziemlich heißen und schwülen Tag genau über der Stadt Wolken bilden.

Wenn die Sonne untergeht, kühlen nämlich die Landflächen rund um die Stadt schneller ab als die Stadt selbst, die mit kleineren Grünflächen noch Wärme gespeichert hat. So kann sich eine kleine Zirkulation ausbilden. Die Luft steigt über der Stadt auf, es entsteht ein kleinräumiges Tief, die kältere Luft wird von außen nach innen gesogen. Der Stadtrand ist kühl, in der Innenstadt steht die Luft, und es ist noch warm. Durch die aufsteigende Luft über der Stadt kann es vorkommen, dass ab einer gewissen Höhe der unsichtbare Wasserdampf kondensiert, es entstehen daher Wolken.

Den Stadteffekt erkennt man auch im Winter bei den Frühtemperaturen. So geschieht es etwa in Wien fast täglich, dass es in der Innenstadt um ein paar Grad wärmer ist als in Schwechat oder in Auhof. Hinzu kommt, dass die Auhof-Senke bekannt dafür ist, dass es dort noch einmal mikroklimatisch kälter ist als anderswo am Stadtrand von Wien. Temperaturunterschiede von außen nach innen von 5 °C und mehr sind somit keine Seltenheit. Natürlich gilt dies immer bei schwachen Windverhältnissen oder idealerweise bei Windstille.

Der Wienerwald hat nämlich bei stärker auffrischendem Westwind einen wärmenden Effekt auf das gesamte Stadtgebiet. Man spricht auch von Föhn in Wien oder im Wiener Becken bzw. generell am Alpenostrand. Wobei dies einigen Meteorologen sauer aufstößt, weil es nicht der ideale Föhn ist, wie in Abbildung Seite 48. Beim idealen Föhn steigen die Luftmassen auf, stauen sich am Berg und regnen ab. Hinter dem Gebirgskamm löst sie der Wind auf, und die Luft erwärmt sich. Es handelt sich nur um einen ähnlichen Prozess. Daher nennen wir diesen Fallwind über den Wienerwald nach Mödling hinunter auch nicht Westföhn. Der Westwind fällt den Wienerwald hinunter nach Wien, Gumpoldskirchen und Baden, trocknet dabei häufig ab und wärmt dadurch die Luft schneller auf. Der Wind räumt dann mit dem Stadteffekt auf, die Unterschiede zwischen Stadtrand und Innenstadt werden kleiner und verschwinden manchmal gänzlich.

Auffrischender Westwind ist bei den Schneefans in Wien gefürchtet, weil er häufig dazu führt, dass der Schneefall in Regen übergeht oder der Neuschnee zu schmelzen beginnt. Der über den Wienerwald herabfallende Wind erwärmt sich, die Temperatur in der Stadt beginnt zu steigen. Allerdings kann es auch sein – etwa nach einer Hitzeperiode –, dass mit dem Westwind kältere Luft zusammen mit Sturmböen einhergeht und Abkühlung bringt.

Auch im Sommer hat der Westwind in Wien seine Auswirkungen: Gewitter müssen bei Frontdurchgängen nicht immer Wien überqueren. Häufig ist es so, dass durch den Westwind die Energie quasi in Wien verblasen wird, also die Gewitter vorher oder genau über Wien „absterben" oder gleich schwächer werden. Zudem ist es hier auch häufig so, dass eine Gewitterfront von Westen her plötzlich nach Norden ins Tullner Becken oder in Richtung Leiser Berge abdriftet.

Das liegt an der geografischen Lage und am Verhalten des Windes vor Fronten. Vor einer Front aus West gibt es in Wien häufig

Südwind oder Südostwind, und dieser führt oft dazu, dass die Gewitter beim Hereinziehen von Sankt Pölten nach Norden genau bei Neulengbach oder Pressbaum eine andere Route einschlagen, von West plötzlich auf Süd, sodass Wien gewitterfrei bleibt und nur noch wenige Regenschauer oder nur Sturmböen oder nix von beidem abbekommt. Eine laue Sommernacht steht dann wieder bevor, während es einige Kilometer weiter westlich, nördlich und manchmal auch noch südlich und dann wieder östlich zu Gewittern und der lang ersehnten Abkühlung gekommen ist.

Das Geschehen im Osten ist allerdings wieder ein Spezialfall: Manchmal wird Wien von den Gewittern quasi übersprungen. Sie lösen sich genau vor Wien auf, und durch den starken Westwind östlich von Wien schießen die Wolken (durch das Zusammentreffen von West- und Südwind) dort wieder massiv in die Höhe.

Entweder entstehen die Gewitter dann im Weinviertel durch eine sogenannte Konvergenz (Zusammenströmen von Luft inklusive Vertikalbewegung) oder durch einen hydraulischen Sprung von Neuem. Ein hydraulischer Sprung beim Wetter entsteht, wenn der Wind zum Beispiel am Alpenostrand oder in einem Tal hinunterfällt, am Boden aufprallt und wieder nach oben schießt. Das kannst du dir vorstellen, wie wenn ein Ball auf den Boden knallt und dann wieder nach oben springt. Genau so schießen Wolken in den Himmel, eine Cumulus-Linie (vgl. S. 116) kann entstehen, die sich rasch zu Gewitterwolken ausbilden kann.

Ich weiß, manchmal wird es hier zu wissenschaftlich, daher mach ich hier schon wieder einen Punkt.

Unterschiedliche Föhnarten/Föhneffekte

Der Föhn ist ganz woanders in den Alpen häufig Thema. Wetterfühlige Menschen bekommen gleich einmal Aversionen, wenn das Wort Föhn fällt. Sie verspüren oft Schmerzen an gewissen Stellen im Körper, allen voran Kopfschmerzen. Temperatur, Feuchtigkeit und Wind haben also sehr wohl auf so manchen von uns Einfluss. Und mit Föhn assoziiert man sofort typisches Kopfweh-Wetter. Er hat nicht nur

Gewitter bei Frontdurchgang am 30.8.2019, gegen 2 Uhr früh in Wien

Auswirkungen auf den Körper, sondern angeblich auch auf unsere Psyche, etwa auf depressive Menschen.

Dabei gibt es je nach Gebirgsgruppen in den Alpen, nach Tal- und Berggeometrie, ob Becken oder Bergketten und auch je nach Flachlandregion um die Alpen, unterschiedliche „Föhnarten".

Südföhn weht etwa in Altdorf und Glarus in der Schweiz, in Feldkirch und Bludenz in Vorarlberg, in Imst, Innsbruck, in Steinach am Brenner, in Schwaz, Hall, in Mayerhofen im Zillertal, in Kufstein, Lofer, Rauris, Bischofshofen, Golling, Salzburg, Windischgarsten, Waidhofen an der Ybbs oder in Admont, um nur ein paar Orte zu nennen. Der Föhn hat dann häufig auch orts- oder regionsspezifische Namen. So heißt er in der Schweiz bei Glarn „Glarner Föhn" oder „der älteste Urner" am Urnersee (Teil vom Vierwaldstätter See), wo der Wind auch mal Staubteufel am Wasser erzeugt, sogenannte Wasserteufel: Aufgepeitschtes Wasser wird durch die vielen kleinen Tröpfchen sichtbar, der Wind wirbelt sie nach oben, als würde der See rauchen, Rauchsäulen entstehen, die wieder verwirbeln.

Bei Nordföhn sind dann idealerweise die Regionen im Südalpenraum betroffen, etwa Locarno und Lugano in der Schweiz, in Meran, Bozen und Brixen in Südtirol, Lienz und Obervellach, Villach und manchmal auch Klagenfurt, Lavamünd und Graz oder auch Weiz.

In Bregenz gibt es eine Art Ostföhn, einen Fallwind vom Bregenzerwald her, auch als „Pfänder-Wind" bekannt. Wie so oft gibt es aber auch hier immer wieder Ausnahmen: In Innsbruck kann auch mal ein sogenannter „vorföhniger Westwind" auftreten, quasi Westföhn, der vom Seefelder Plateau herunterweht; oder ein Nordföhn, der in Verbindung mit starkem Fallwind an den Nordhängen der Stadt herunterfällt. Das passiert, wenn beispielsweise über Bayern sehr kalte Luft in die tiefen Luftschichten einsickert. Die kalte Luft geht an der Innsbrucker Nordkette – wie bei einem Topf, den man mit Wasser befüllt – über und fällt den Berghang herunter. Dieses Naturschauspiel konnte ich in meiner Studienzeit einmal beobachten. Da fielen die Wolken quasi an der Waldgrenze der Seegrube bei Innsbruck hinunter und lösten sich plötzlich auf. Aufgrund der Fallwindböen bewegten sich zeitgleich die Bäume hin und her. Gleichzeitig ist die kalte Luft von Kufstein herangekommen, hat sich die Wetterlage im Raum Innsbruck wieder beruhigt, der Wind hat nachgelassen und es hat zu regnen begonnen.

Dann gibt es den „Jauk", den Südwestföhn, in Slowenien oder in Unterkärnten und der Südsteiermark. Der Jauk räumt beispielsweise im Winter bei sogenannten Inversionswetterlagen (in der Höhe ist es wärmer als unten im Becken oder Tal, invers=verkehrt) die Kaltluft auf dem Boden aus. In Völkermarkt, in Ferlach oder Lavamünd zum Beispiel weht der Wind dann von den Karawanken her böig, die Temperaturen steigen sprunghaft an.

Ein extremes Beispiel gab es im Dezember 2023 im Klagenfurter Becken: Die Temperatur schnalzte da bei stürmischen Südwestwindböen und gewittrigen Schauern von unter 10 °C am frühen Abend des 1. Dezember 2023 innerhalb von zwei Stunden, gegen 23 Uhr, auf +17 °C hinauf.

Eine weitere spezielle Art von Föhn ist der Dimmerföhn. Das Wort kommt aus dem Dialekt, man vermutet aus dem Schweizer Dialekt – „timmrig", „dimmrig", was soviel wie dämmrig, diesig oder trüb bedeutet.

Bei Föhn gehen wir idealerweise davon aus, dass die Luft hinter einem Berg abfällt, sich schneller erwärmt (+1 °C/100 m), als sie beim Aufstieg auf den Berg abgekühlt hat (–0,65 °C/100 m), und zeitgleich

Überschwappen kalter Luft von der Nordkette in Richtung Innsbruck am 8. August 2021 (es handelt sich nicht um das vorhin beschriebene Beispiel aus meiner Studienzeit). Der helle Wolkenbereich, der wie ein messerscharfer Schnitt in der Wolkendecke ausschaut, entsteht durch eine Störung der Hochnebeldecke durch die an der Nordkette herunterfallende kältere Luft.

auch abtrocknet. Als Beispiel: feuchte Luft über Bozen (auch mit Regen oder Schnee), trockene Luft über Innsbruck bei Sonnenschein.

Beim Dimmerföhn ist die Luft hochreichend feucht, und in Talnähe greift feiner Schneefall oder Regen über den Brennerpass weit ins Wipptal und kann sogar den Raum Innsbruck und eben auch mal Zirl, Hall oder Rum erreichen. Die Windstärken dabei sind sehr unterschiedlich, von schwachem bis starkem Föhn ist alles möglich. Jedenfalls ist die Sicht schlechter als üblicherweise bei Föhn. Die Luft ist trüb, das Sonnenlicht, falls die Sonne durch die Wolken fahl scheint, matt und gedämpft – eben dämmrig. Manchmal spricht man auch von Dimmerföhn, wenn Saharastaub die Luft trübt und sie gelblich-orange färbt.

Der Föhn am Beispiel Bozen–Innsbruck

Ein als Föhn bezeichneter Wind entsteht auch, wenn sich zum Beispiel bei Annäherung eines Tiefs die Druckgegensätze über den Alpen aufbauen. So gibt es über Südtirol von Süden her Wolkenstau, über

Bayern blauen Himmel und Sonnenschein (im Winter in den tiefen Lagen, wie im Donauraum Bayerns, auch Nebel). Der Sonnenschein nördlich der Alpen lässt den Luftdruck in München fallen, während der Luftdruck in Bozen gleich bleibt. Somit steigt der Luftdruckunterschied zwischen Bozen und München.

Durch das Wipptal schaltet sich plötzlich Föhn ein, der die Wolken in Richtung Innsbruck auflockert oder sogar auflöst, weil die Luft abtrocknet. Zeitgleich steigt die Temperatur an, die Luft erwärmt sich beim „Hinunterfallen" in Richtung Innsbruck schneller (1 °C/ 100 m), als sie in Verona, Trient oder Bozen beim Aufstieg über die Berge nach Norden abgekühlt ist (0,65 °C/100 m).

Wenn es in Bozen (265 m Höhe) zum Beispiel im Winter bei 0 °C schneit, der Föhn hinter dem Brenner nach Norden einsetzt, und der Schneefall abklingt, die Wolken auflockern und in Innsbruck die Sonne durchbricht, kann es gut sein, dass es dort ein sonniger Tag wird mit starkem bis stürmischem Südwind und milder Luft bei einer Temperatur um +15 °C. Dabei kommt es nicht darauf an, wie hoch die Temperatur in Bozen ist, sondern von welcher Höhe die Luft, die in Innsbruck ankommt, ursprünglich „gestartet ist". Wenn es in Steinach am Brenner (Stationshöhe: 1030 m Höhe) +4 °C hat, so kann man, wenn es in Innsbruck (580 m Höhe) noch windstill ist, die bevorstehende Föhntemperatur ausrechnen. Einfach die Höhendifferenz (1030 m – 580 m = 450 m) hernehmen: Wenn die Luft beim Hinabfallen durchs Wipptal sich um 1 °C/100 m erwärmt, dann ergibt das eine Temperatur von rund +9 °C (4 °C von Steinach am Brenner plus 4,5 °C ergibt aufgerundet 9 °C).

Das ist der Idealfall. Nun ist aber oft die Föhnstärke dafür ausschlaggebend, ob noch höhere Temperaturen entstehen, etwa wenn stürmischer Föhn weht und die Luft von rund 2000 m Höhe ins Wipptal fällt. Als Faustregel gilt dann: Die Temperatur in 2000 m Höhe südlich des Alpenhauptkammes, auf der Seiseralm oder dem Rittnerhorn in Südtirol, plus der Temperatur, die sich aus der Erwärmung bis nach Innsbruck ergeben würde. Hat es beispielsweise –1 °C auf der Seiseralm in 2000 m Höhe, würde das in Innsbruck (580 m Höhe) eine Temperatur von 15–16 °C ergeben.

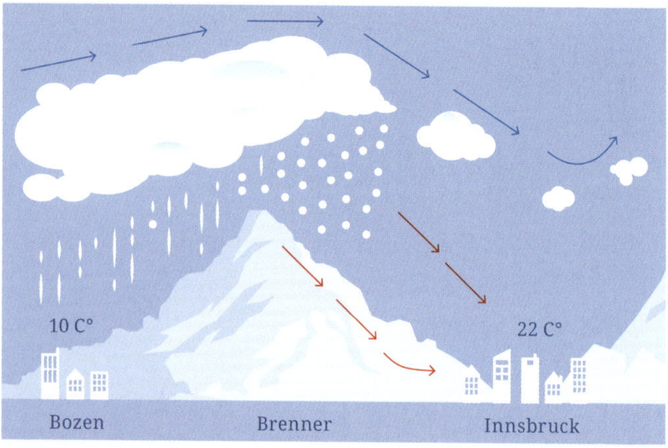

Föhnbeispiel – Wolkenstau und Regen in den Südalpen rund um Bozen. Im Inntal fällt der Wind aus dem Wipptal herunter, ist trocken, und die Luft ist deutlich wärmer. Dazu scheint hier zeitweise die Sonne, manchmal ist es auch strahlend sonnig. Häufig ist als Begleiterscheinung die langgezogene Wolke über der Nordkette zu erkennen. Über dem Inntal ist manchmal eine sich kaum von der Stelle bewegende Wolke zu sehen, die „Rotorwolke".

Manchmal rechnen Meteorologen mit der Brenner-Temperatur, manchmal mit der 2000-m-Temperatur der Sarntaler Alpen oder Dolomiten, und manchmal reicht aber eben nur die Temperatur von Steinach am Brenner.

Eine sehr häufig auftretende Nebenerscheinung bei Südföhn (wenn der Wind von Süden kommt) ist über dem Inntal die Rotorwolke. Das ist eine Wolke, die bei Föhn durch Wellenbewegungen der Luft über dem Inntal entsteht. Sie bildet sich im Auftrieb durch Kondensation.

Wind saust das Wipptal hinunter, fließt über Innsbruck auseinander, zum Teil den Hang über Innsbruck-Hötting wieder hinauf, ist aber deutlich schwächer als etwa am Bergisel. Im Gipfelbereich weht starker Südwind, der teilweise quasi frontal gegen die Nordkette weht, sich dort aufspaltet, zum einen Teil die Nordkette überströmt, während der untere Teil in Richtung Berghang hinuntergeleitet wird. Zudem entsteht häufig durch die aufsteigende Luft über der Nordkette eine

Rotorwolke bei Südföhn über dem Inntal bei Hall, 5.11.2018

langgezogene Wolke, sodass die Gipfel dann in der Wolke stecken. Manchmal bildet sich die Wolke auch weit über den Gipfeln.

In der Flugmeteorologie, bei Fallschirmspringern oder Piloten, ist der Föhn über dem Inntal gefürchtet. Eine Rotorwolke deutet sehr häufig auf ziemlich starke Turbulenzen hin. So mancher von uns hat schon mal einen ziemlich ruppigen Landeanflug oder Abflug vom Innsbrucker Flughafen erlebt, alles andere als angenehm.

Der Wind, das himmlische Kind, hat viele Gesichter und Namen

Wir haben jetzt schon mal die Auswirkungen vom Wind je nach Windrichtung kennengelernt, wobei ich immer noch nicht alles erzählt habe, was ich davon weiß, gelernt und beobachtet habe. Die Thematik, dass der Wind beispielsweise auch entscheidend sein kann für Nebelauflösung, etwa in Innsbruck: Wenn der Wind von Osten her, von Kufstein, einströmt (Einfließen) und ziemlich viel Nebel noch über Bayern liegt, dann stehen die Chancen für Nebelauflösung (vor allem bei Hochnebel) ziemlich schlecht. Kommt der

Wind aber nach und nach tagsüber aus dem Westen (Ausfließen), so stehen die Chancen gut, dass sich der Nebel auflöst.

Bei Ostwind sickert die kältere Luft aus Bayern her ein, der Regen wird bald in Schneefall übergehen. Bei Westwind ist häufig das Gegenteil der Fall. Zudem kann es dann von Völs über Innsbruck bis nach Rum und Hall abtrocknen, während es weiter westlich und weiter östlich im Inntal nass bleibt. Der Grund dafür ist eine Art Fallwind vom Seefelder Plateau her, der die Luft im Raum Innsbruck abtrocknet. So kann es dann auf den Bergen ringsherum weiterschneien, während es auf der Innsbrucker Unibrücke am Inn trocken ist und die Temperatur mit dem Wind auch mal auf +5 °C steigt. Im Unterinntal, in Landeck, Imst, Jenbach und Kufstein, kann es währenddessen weiterschneien.

Im Donauraum bringt Westwind bei Schneefall häufig mildere Luft, Schnee geht in Regen über, vor allem dann, wenn der Wind stark bis stürmisch auffrischt, dann räumt er auch letzte Kaltluftseen aus. Das war der Fall am 23. Dezember 2023 in Wien: Zuerst sickerte Kaltluft aus Nordosten ein, bei relativ wenig Wind ging Regen in Schneefall über (zuvor war es stürmisch gewesen). Am frühen Nachmittag hatte es in den Bezirken Floridsdorf und Simmering noch 0 °C, in Auhof regnete es plötzlich bei stürmischen Westwindböen und +8 °C. Und mit dem Westwind wurde über Nacht in ganz Wien das bisschen Neuschnee weggeregnet.

Weht vor einem Italientief im Südosten Österreichs immer noch der Südwestwind, der sogenannte Jauk, dann wird es der Kaltluft hier sehr schwer gemacht. Da gibt es dann oft Tage, an denen es in Oberkärnten bis in die Täler schneit, während es am Loiblpass bei 5 °C noch regnet. Der Südwestwind sorgt von Unterkärnten bis ins Südburgenland für regnerisches Wetter, etwa von Klagenfurt, Völkermarkt, Bad Eisenkappel, Bleiburg, Deutschlandsberg, Eibiswald, Spielfeld, Wildon, Leibnitz, Bad Radkersburg, Güssing bis nach Stegersbach häufig zu anhaltendem Regen im Winter bei einem Italientief.

Wind im Alpenraum und in ganz Europa

Zoomen wir jetzt aus dem Alpenraum heraus und blicken auf Europa, so hat der Wind je nach Region seinen eigenen Namen. Hier eine Liste der regional wichtigsten Wind-Arten, die allesamt untereinander für ziemlich unterschiedliches Wetter verantwortlich sind:

Ältester Urner:	Föhn in der Zentralschweiz, etwa am Urnersee
Bochorno:	schwüler, heißer Südostwind im Ebrotal im östlichen Spanien
Bora:	kalter Fallwind an der Adriaküste, der vom Dinarischen Gebirge in Richtung Adria weht, wird aufgrund seiner Stärke gefürchtet, kann in Mittelitalien in seltenen Fällen selbst auf Meeresniveau zu Schneefällen oder sogar Schneestürmen führen
Bornan:	heftiger Süd- oder Südostwind am Genfer See
Boreas:	scharfer Nordwind in Griechenland
Böhmischer Wind:	mäßig starker Südostwind im Osten Deutschlands, zwischen Chemnitz und Dresden
Calderino:	Südwind bei Toledo über der Mitte Spaniens
Cers:	trockener, lebhafter bis starker Nordwestwind in der Provence in Frankreich
Ch'vint de noroé:	Wind in der Picardie im Norden Frankreichs
Cierzo:	kräftiger Nordwestwind im Ebrotal in Spanien
Crivetz:	Nordostwind in der Ukraine
Droit vent:	lebhafter bis starker Westwind in der Champagne und im Elsass
Dogoda:	Westwind über dem Westen Russlands
Elvegust:	kalte Fallwindböen in und aus den Fjorden Norwegens auf das Meer hinaus
Enbata:	heftiger Nordwestwind in Aquitanien im Westen Frankreichs, wird von Windsurfern gefürchtet, weil ziemlich gefährlich
Euros:	heißer Ostwind in Griechenland
Forian:	mildere Luft bringender Wind aus Süd in der Basse-Normandie

Galerne:	feuchter, starker Nordwestwind von der Bretagne bis nach Paris
Gallego:	Nordwestwind an der kantabrischen und galicischen Küste und in Kastilien
Glaves:	kalter, starker Nordwestwind zwischen Schottland und Norwegen
Gregal:	Nordostwind, im Nordosten Spaniens, von den Pyrenäen her
Guzzle:	kalter Ostwind im Norden Schottlands, im Winter auch mit Schnee
Halny Wiatr:	Fallwind in Polen aus Süd, eine Art Föhn
Höllentalwind:	auch „Höllentäler“, Ostwind im Schwarzwald in Baden-Württemberg, etwa in Freiburg zu spüren
Imbat:	Nordwind im östlichen Mittelmeerraum, in der Türkei bei Izmir bringt er tagtäglich im Sommer die kühlere Meeresluft
Imbatto:	der Seewind, der kühlend an der Adriaküste Dalmatiens weht, etwa an Sommertagen
Inferno:	auch Inverna, Südwind am Lago Maggiore bei Hochdrucklagen, dagegen:
Tramontana:	am Morgen oder später am Abend der leichte Nordwind
Jauch:	Süd- oder Nordwind um die Moldauplatte in Tschechien und bei Prag
Jauk:	föhniger Süd-/Südwestwind von Unterkärnten über die Süd- und Südoststeiermark bis ins Südburgenland bzw. in Slowenien
Jochwind:	Nordostwind über Deutschland, etwa über dem Thüringer Wald und dem Hessischen Bergland
Joran:	Nordwestwind in der Schweiz, im Sommer bei Gewitteraufzug, vom Jura kommend
Kosava:	starker Ost/Südostwind, vor allem von Banat bis Nis
Levant:	im westlichen Mittelmeerraum, mäßiger bis starker Ostwind, etwa am Gibraltar, bei Korsika wird der Levant „Levante“ genannt, kann Gischt im Meer erzeugen
Libeccio:	eher warmer, teils feuchter Wind aus West/Südwest rund um Korsika, der bei Seglern sehr beliebt ist und stark auffrischen kann

Ljuka:	warmer Fallwind im Sommer an der Küste Kroatiens
Llebetjado:	kurzzeitiger warmer, von den Pyrenäen nach Katalonien wehender Wind
Maloja:	kalte, heftige Fallwindböen im Schweizer Engadin
Marin:	Südostwind im Golf von Lyon, generell auch die Bezeichnung für den Meerwind in Frankreich
Maurabia:	Südwestwind im Sommer über dem Genfer See bei klarem Himmel, kann ein Vorbote für eine Wetterverschlechterung sein
Meltemi:	strammer Nordwind in den Sommermonaten über der Ägäis, etwa in Griechenland; Segler genießen den Wind mit Vorsicht
Mistral:	Rhône-Tal und westliches Mittelmeer, kann Sturmstärke erreichen; weißer Mistral wird von einem blauen Himmel begleitet
Notos:	feuchtwarmer Südwind, Griechenland
Molan:	heftiger Südwind am Genfer See, am Südwestufer zwischen Genf und Yvoire
Harle:	Nordwind in der Champagne in Frankreich
Havgula:	feuchter, kalter Wind, der in Schottland oder Norwegen über das Meer weht
Horzain:	Nordwind in der Normandie in Frankreich, weht vom Ärmelkanal her
Noroît:	Nordwestwind in der Bretagne und Normandie
Ora:	entsteht um die Mittagszeit, Südwind vom Gardasee über Trient bis nach Bozen und Meran, entsteht durch Alpines Pumpen; frischt abends erst die Ora auf, tritt häufig eine Wetterverschlechterung ein bzw. wird es im Etschtal am Folgetag Hochnebel oder starken Dunst geben
Ostria:	Südwind an der bulgarischen Küste, kündigt Schlechtwetter an
Mezzogiorno:	Südwind über Korsika, üblicherweise tageszeitenspezifisch in Portugal an der Küste wehender, beständiger Wind aus nördlicher Richtung, in den Sommermonaten im Zusammenhang mit einem Azorenhoch

Pfänderwind:	auch „Bregenzer Fallwind“, Ostwind im Raum Bregenz/ Bodensee
Piterak:	Wind in Island, der von den Bergen in Richtung Meer fließt
Rotetur:	südlicher Fallwind in Rumänien, eine Art Föhn
Reshabar:	kalter, starker Fallwind im Winter im Südkaukasus
Sno:	kalte Nordwestwindböen, auch Fallwindböen in Schweden
Soulaire d'Italie:	Süd/Südostwind in Paris, der Sonne und Wärme bringt, im Sommer Hitze
Suroît:	Südwestwind an der Westküste Frankreichs, kündigt trübes, regnerisches Wetter an
Schirokko:	Wüstenwind im Mittelmeerraum, aus Afrika; im Raum Venedig häufig dafür verantwortlich (mit einem Genua-Tief), dass das Meerwasser in die Lagunenstadt gedrückt wird
Suchowei:	heißer Fallwind in der südrussischen Steppe
Tramontana:	kühler oder kalter Nordwind oder Nordwestwind von Ligurien bis zum Tyrrhenischen Meer oder auch an der kroatischen Küste, bei Istrien
Tramontane:	Wind im Golf von Lion, der von den Pyrenäen oder dem Zentralmassiv in Richtung Meer weht
Tarantada:	starker Nordwestwind an der spanischen Mittelmeerküste
Vardarac:	oder „Vardar“ ist ein kalter Nordwestwind, weht vom Vardar-Tal bis nach Saloniki, meist mit einem Hoch über Osteuropa
Yugo:	Südostwind, Ostküste der Adria, bes. in Kroatien, kann Sturmstärke vor allem im Frühling erreichen
Zephyros:	milder Westwind in Griechenland

Natürlich gibt es regional noch mehr Windbezeichnungen, ich hab nur mal die wichtigsten hier versucht aufzuzählen und zu beschreiben.

Die Beaufortskala

In der Abbildung unten findest du zu deiner Orientierung die internationalen Bezeichnungen für die jeweilige Windstärke, von Windstille bis zum Orkan, und wie stark der Wind dabei weht:

Windstärke	km/h	m/s	Knoten	mph	Bezeichnung
0	0	0-0,2	<1	0-1,1	Windstille
1	1-5	0,3-0,5	1-3	1,2-4,5	leichter Zug
2	6-11	1,5-3,3	4-6	4,6-8,0	leichter Wind
3	12-19	3,4-5,4	7-10	8,1-12,6	schwacher Wind
4	20-28	5,5-7,9	11-16	12,7-18,3	mäßiger Wind
5	29-38	8,0-10,7	17-21	18,4-25,2	frischer Wind
6	39-49	10,8-13,8	22-27	25,3-32,1	starker Wind
7	50-61	13,9-17,1	28-33	32,2-39,0	steifer Wind
8	62-74	17,2-20,7	34-40	39,1-47,1	stürmischer Wind
9	75-88	20,8-24,4	41-47	47,2-55,1	Sturm
10	89-102	24,5-28,4	48-55	55,2-64,3	schwerer Sturm
11	103-117	28,5-32,6	56-63	64,4-73,5	orkanartiger Sturm
12	>118	> 32,6	> 63	> 73,6	Orkan

Beaufort-Skala. Diese Windskala ist weltweit gebräuchlich, darin kannst du die Zahlenwerte vergleichen. Dargestellt sind Kilometer pro Stunde, Meter pro Sekunde, Knoten sowie Miles per Hour.

Der Windchill

Sicherlich hast du schon mal im Winter bemerkt, dass Temperaturen im einstelligen Plusbereich sich manchmal ganz kalt anfühlen, weil der Wind stark weht. Oder dass sich die –1 °C bei starkem Wind mit über 40 km/h nach wenigen Minuten bitterkalt anfühlen.
Ähnlich wie der Heat-Index ist auch der Windchill ein Maß der gefühlten Temperatur. Er setzt sich zusammen aus der aktuellen

Lufttemperatur im Schatten und der mittleren Windgeschwindigkeit der letzten Minuten (nicht der stärksten Windböe). Es ergeben sich somit folgende Temperaturen, die wir fühlen:

	5 °C	0 °C	-5 °C	-10 °C	-15 °C	-20 °C	-25 °C	-30 °C	-35 °C
10 km/h	3	-3	-9	-15	-21	-27	-33	-39	-45
20 km/h	1	-5	-12	-18	-24	-31	-37	-43	-49
30 km/h	0	-6	-13	-20	-26	-33	-39	-46	-52
40 km/h	-1	-7	-14	-21	-27	-34	-41	-48	-54
50 km/h	-1	-8	-15	-22	-29	-35	-42	-49	-56
60 km/h	-2	-9	-16	-23	-30	-36	-43	-50	-57
70 km/h	-2	-9	-16	-23	-30	-37	-44	-51	-59
80 km/h	-3	-10	-17	-24	-31	-38	-45	-52	-60
90 km/h	-3	-10	-17	-25	-32	-39	-46	-53	-61
100 km/h	-3	-11	-18	-25	-32	-40	-47	-54	-61

Windchill (die gefühlte Temperatur). Oben ist die Lufttemperatur am Thermometer dargestellt, links die mittlere Windgeschwindigkeit. So fühlt sich eine Temperatur von –5 °C bei einem Wind von 50 km/h wie –15 °C an. Eine Temperatur von –25 °C bei einer Windgeschwindigkeit von 15 km/h fühlt sich wie –35 °C an. Bei solchen Temperaturen ist ein längerer Aufenthalt im Freien gefährlich, es drohen Erfrierungen.

Optische Phänomene

Der Regenbogen

Der Regenbogen entsteht bei Regen und Sonnenlicht. Jeder einzelne Regentropfen wirkt dabei wie ein Prisma oder ein Kristall, von dem bunte Lichtpunkte im Sonnenlicht ausgehen. Das weiße Sonnenlicht wird in die verschiedenen Farben aufgeteilt, es wird gebrochen und zurückgeworfen.

Wenn morgens die Sonne aufgeht und im Westen ein Regenbogen zu sehen ist, dann ist häufig mit Regen zu rechnen, da bei uns in Mitteleuropa in den meisten Fällen die Fronten von Westen aufziehen. Umgekehrt ist am Abend, wenn es geregnet hat und im Osten ein Regenbogen in der untergehenden Sonne zu sehen ist, mit hoher Wahrscheinlichkeit mit einer Wetterbesserung zu rechnen. Dazu gibt es wieder passende Bauernregeln:

Regenbogen am Morgen macht dem Schäfer Sorgen.
Regenbogen am Abend ist dem Schäfer labend.
Regenbogen am Abend lässt gut Wetter hoffen.
Regenbogen am Morgen lässt für Regen sorgen.

Je größer die Regentropfen sind, desto kräftiger sind die Farben des Regenbogens. Sind die Regentropfen klein, dann sind die Farben schwächer. Bei feinen Nebeltröpfchen mit einer Größe kleiner als 50 Mikrometer, ist manchmal sogar ein weißer Regenbogen zu sehen, ein sogenannter Nebelbogen.

Doppelter Regenbogen in Wien-Hietzing am 1.10.2023

Links Regenbogen über dem Eisacktal bei einem abziehenden Gewitter über Klausen am 5.5.2021. Rechts: Regenbogen unterhalb einer abendlichen Schauerzelle in Mitterteich in der Oberpfalz in Bayern am 7.6.2017

Links: Nebelbogen bei Steinfeld in Kärnten vom 12.11.2021, am frühen Vormittag. Foto Anita Fleischhacker. Rechts: Nebelbogen vom 4.1.2024 am Weißensee. Foto Anita Fleischhacker

Der Halo

Dieses optische Phänomen kommt weltweit vor, am häufigsten in den höheren Breiten der Erde bei dünnen, hochliegenden Wolken, einem dünnen Schleier, der den Himmel bedeckt bzw. den Himmelsbereich rund um die Sonne. Ein Halo erscheint als Ring, aber auch als Streifen oder Lichtflecke wie Nebensonnen. Erzeugt wird ein Halo durch Brechung und Spiegelung des Sonnenlichts an sechseckigen Eiskristallen, Säulen oder Plättchen. Der Ring um die Sonne oder den Mond ist im Gegensatz zum Kranz vom Himmelskörper getrennt.

Wenn du deine Faust nimmst, den Daumen über die Sonne oder den Mond hältst und den kleinen Finger außen über einen gedachten Punkt am Ring, dann ist das genau der Abstand vom Ring zur Sonne oder zum Mond.

Mitunter sind besonders schöne Halos durch feine Eiskristalle in der Luft zu beobachten. Etwa bei Neuschnee, wenn es sehr kalt wird und bei polarer Kaltluft die Wolken und Nebel auflockern. Dann sind mitunter ganz feine Eiskristalle in der Luft, die, wenn sie zu Boden schweben, auch Halos erzeugen können. Manchmal sieht man sie beim Skifahren und Snowboarden im Hochgebirge, manchmal aber

Halo vom 30.4.2022 in Schönbrunn in Wien

auch in den Niederungen, wie zwischen Rosenheim und Kitzbühel am 8. Jänner 2024.

Auch Nebensonnen zählen zu den Halo-Erscheinungen. Dabei sind diese als Lichtfleck links und rechts von der Sonne in größerem Abstand zu sehen und ähneln zwei weiteren Sonnen. Bei genauerem Hinsehen sind es aber zwei bunte Lichtflecke, die innen rötlich und außen bläulich leuchten. Es müssen nicht zwei Lichtflecke vorkommen, manchmal ist es auch nur ein Lichtfleck. Geht die Sonne unter und steht gerade noch über dem Horizont können besonders intensive Lichtflecke beobachtet werden, etwa in Kondensstreifen, in Niederschlagspartikeln, die aus einer Wolke fallen oder in einem Büschel aus Federwolken (vgl. S. 136).

Halo-Erscheinungen sind nicht unbedingt ein Indikator für eine Wetterverschlechterung. Wenn ein hoch liegender, dünner und weißer Wolkenschleier nur vorübergehend auftritt, zusammen mit einem Halo, und danach der Himmel wieder blau wird, dann bleibt das Wetter sonnig. Wenn allerdings nach einem Halo der dünne Wolkenschleier in einen dichteren, grauen Wolkenschleier übergeht und irgendwann die Sonne sogar verschwindet, dann ist in 6 bis 12 Stunden mit einer Front und Regen oder Schneefall zu rechnen.

Durch feinste Eisnadeln und andere Eiskristallteilchen entstehen diese schönen Halos mit teils sehr kräftigen Nebensonnen. Links: Halo im Kühtai, 30. 1. 2024. Foto Theresa Gratl. Rechts: Halo von der Axamer Lizum bei Innsbruck, 15. 1. 2024. Foto Daniel Kleinlercher

Links: Extrem kräftiger Zirkumzenitalbogen über Wien-Spittelau am 16.11.2018. Rechts: Halo mit Lichtsäule und oberer Berührungsbogen der untergehenden Sonne in der eisigen Höhenkaltluft (inklusive Eisteilchen in der Luft) vom 16.1.2017 über Wien

Links: Halo mit Zirkumzenitalbogen (= der obere Farbteil über dem Zenit) in Wien-Meidling vom 21.12.2017. Rechts: Halo um den Mond herum, 24.1.2021 im Remstal bei Stuttgart in Baden-Württemberg. Sechs bis acht Stunden später schneite es im Großraum Stuttgart. Eine Warmfront machte sich auf den Weg nach Österreich.

Schöner Halo-Doppelbogen aus Fieberbrunn vom 8. 1. 2024. Foto Maria Dersch

Nebensonne (rechts im Bild) an der Alten Donau in Wien, 13.9.2020

Die Lichtsäule

Manchmal kommen einzelne Brechungshalos oder Spiegelungshalos als alleinige Erscheinung vor. Des Öfteren weist auch eine aufgehende oder untergehende Sonne Lichtsäulen auf. Ich konnte die obere Lichtsäule immer über der Sonne beobachten, die untere Lichtsäule ist seltener zu sehen.

Lichtsäulen entstehen durch Spiegelung des Sonnenlichts in Eiskristallen, die eine Plättchenform und Säulenform aufweisen und vertikal ausgerichtet rotieren. Es kann auch vorkommen, dass fallende Schneekristalle die Lichtsäule hervorrufen.

Links: Lichtsäule vom 7.12.2021 zum Sonnenaufgang in Wien. Rechts: Lichtsäule während des Sonnenaufgangs am 2.1.2024 in Wien-Penzing

Die Korona (oder der Hof)

Das Wort Korona kommt aus dem Lateinischen „corona“ und bedeutet Kranz oder Krone. Der Kranz wird auch als „Hof“ bezeichnet. Häufig wird für Mond und Sonne beides verwendet, ich trenne hier aber strikt, da ich es so gelernt habe und es dann einfacher zu merken ist. Die Korona um die Sonne ist der Kranz, die Korona um den Mond ist der Hof. Das Licht der Sonne oder des Mondes dringt durch dünne Schichtwolken, die aus Wassertröpfchen (teils auch aus

Eiskristallen) bestehen. Der Hof um den Mond oder die Sonne entsteht durch Beugung des Lichts an den Tröpfchen (oder Kristallen). Die Lichtstrahlen werden abgelenkt.

Ist ein Hof zu sehen, dann ist häufig eine Wetteränderung in Sicht. Bei Kälte im Winter deutet er auf eine Warmfront hin und auf das Ende der Kälte, wobei es manchmal durch Aufgleitvorgänge der Warmluft über die eisige Luft vorübergehend auch stark schneien kann.

Hat der Mond/die Sonne einen Hof/Kranz, gibt es bald Wind mit Regen oder Schnee.
Hat der Mond einen Ring (Halo), dann folgt bald starker Wind (mit Regen und Schnee).

Es gibt aber auch noch andere Wetterregeln im Zusammenhang mit dem Mond. Ein roter Mond deutet häufig auf Regen hin, wie ich auch schon beobachten konnte, vor allem wenn er knapp über dem Horizont steht. Weil die Luft dann mit Wasserdampf und vielen Staubpartikeln angereichert ist und der rote Farbanteil des Mondlichts dadurch besser zur Geltung kommt. Die Mondgröße ist in der folgenden Regel nur eine nette Umschreibung.

Steigt ein großer, roter Mond (zwischen den Wolken auf), dann kann man einen halben Tag später mit Regen rechnen.

Zeigt sich während des Sonnenuntergangs ein großer Mond und sieht er leuchtend und kräftig aus, so wird das Wetter über Tage hinaus schön und klar.

Ein fahler Mond ist ein Anzeichen für Regen.

In kalten Wintermonaten kühlt es in klaren, windstillen Nächten über Schneeflächen besonders stark aus. Allerdings hat der Mond keinen Einfluss auf die nächtliche Auskühlung.

In mondhellen Nächten gibt es die strengsten Fröste.

Hier zwei Fotos vom 23.11.2023 vom Mond mit Hof. Links: In Wien-Penzing bei der katholischen Kirche St. Jakob. Rechts: Am Steinhofgrundareal, Baumgartner Höhe, in Wien-Penzing.

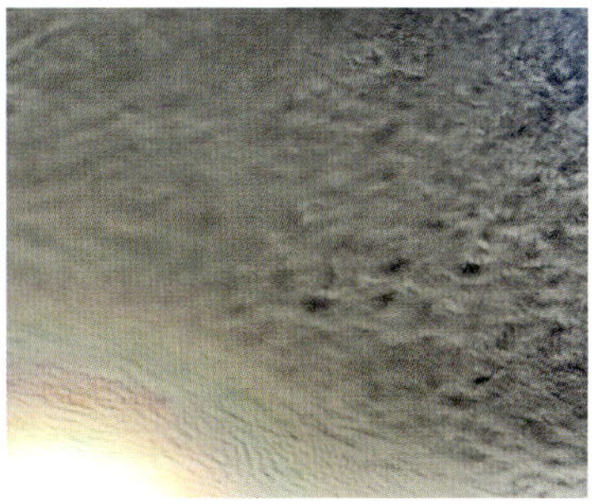

Links: Kranz um die Sonne in Wien-Meidling von 22.7.2022. Rechts: Am nächsten Tag hat es zugezogen mit ein paar Schauern.

Links: Aufgehender Mond hinter dem Rosengartenmassiv, am 19.7.2016 oberhalb von Jenesien aufgenommen. Rechts: Vollmond über der Alten Donau, 28.9.2023

Irisierende Wolken

Das sind in allen Farben schimmernde Wolken, häufig leuchten die Farben dieser Wolken kräftig am tiefblauen Himmel. Iris war in der griechischen Mythologie die Göttin des Regenbogens. Weil die Wolken in den Farben des Regenbogens schimmern, werden sie irisierende Wolken genannt. Diese Wolken sind an den Rändern häufig dünn und werden nach innen dichter. Dabei sind die Farbflecken unregelmäßig, speziell die gelben, roten und grünen Farben stechen hervor. Sehr gut und kräftig ausgeprägt sind die Farbmuster bei Wolkenschollen und Federwolken sowie bei Kondensstreifen.

Ähnlich wie bei einem Kranz entstehen diese Farbmuster durch Beugung der Lichtstrahlen an Wassertröpfchen (und an einigen Eiskristallen). Sind die Tröpfchen und Eiskristalle sehr klein, dann sind die Farben besonders intensiv. Auch Perlmuttwolken, die ich dir auf Seite 139 erkläre, gehören dazu.

Da wir schon bei farbigen Wolken sind, möchte ich auch auf die Farben des Himmels eingehen. Du hast dich sicher schon mal gefragt, warum der Himmel blau ist oder auch das Abendrot mal besonders rot oder sogar in purpurnen Farbtönen. Daher machen wir jetzt einen Abstecher zu den Himmelsfarben.

Links: Irisierende Linse (auch Linsenwolke oder Föhnfisch genannt, vgl. S. 135) über dem Ritten in Südtirol, 29 .9 .2021. Rechts: Irisierende Federwolke (Cirrus-Teil, vgl. S. 136) über Sankt Johann in Tirol,19. 1. 2019

Wolkenfetzen über dem Schlern in Südtirol am 24. Dezember 2023. Für mich sah dieses rot-gelbe Gebilde aus wie ein Engel, der am Heiligen Abend aufgestiegen ist.

Irisierende Wolken am 20.12.2021 über Wien. Diese farbigen, löchrigen Wolkengebilde heißen Cirrocumulus lacunosus (vgl. S. 137). Die Sonne wird hier von einer Stratocumulus (vgl. S. 133) verdeckt, somit waren die Farben besonders gut zu beobachten.

Blauer Himmel

Häufig nach einem Kaltfrontdurchgang scheint der Himmel besonders tiefblau, auf den Bergen üblicherweise intensiver als im Tal, Becken oder Flachland. Der Grund sind Aerosole (etwa Ruß, Staub, Pollen) und auch Wassertröpfchen in tieferen Lagen, die das Licht streuen und so das Himmelsblau etwas heller erscheinen lassen. Bei Föhnwetterlagen in den Alpen sind Berge zum Greifen nahe und der Himmel mal blau, mal weißlich bis hin zu gelb und orange, die Luft kann ziemlich diesig sein. Das kann am Saharastaub liegen, der in Afrika beispielsweise durch Gewitter- oder Schauerböen in größere Höhen aufgewirbelt wurde und mit dem Wind über das Mittelmeer zu uns gelangt.

Der Staub legt sich dabei etwas, wird mit aufziehendem Regen oder Schneefall manchmal auch bei uns dann ausgewaschen, sodass die Staubrückstände zu sehen sind und der Schnee auf den Bergen vorübergehend etwas gelb oder orange-braun erscheint.

Aber zurück zum Himmelsblau. Blauer Himmel ist einfach nur das Zusammenspiel von Sonnenlicht und Atmosphäre. Ohne die Atmosphäre wäre der Himmel dunkel, wir könnten dann auch neben der Sonne die Sterne sehen. Die blaue Farbe kommt von der Streuung des Sonnenlichts an den Molekülen der Luft, an den Staubpartikeln und Wassertröpfchen. Das Licht, vor allem die kurzwelligen, blauen Strahlen, wird in alle Richtungen zerstreut. Somit kommt der blaue Anteil des Sonnenlichts viel stärker zum Vorschein als der rote, gelbe oder grüne.

Blauer Himmel bedeutet nicht immer, dass das Wetter schön sonnig bleibt. Der Himmel kann bei Föhn mit einer ausgezeichneten Fernsicht einhergehen bzw. kann es auch hinter einer Warmfront mal aufreißen und die Sonne scheinen, bevor die Kaltfront eintrifft. Also stabil sonniges Wetter ist das eben nicht. Anders bei einem hellblauen Himmel und mäßiger Fernsicht, wenn sich die Luft mit Staub oder vielleicht auch Pollen anreichert, dann kann der Himmel blass sein, was weiterhin auf sonniges Wetter hindeutet.

Wenn der Himmel dunkelblau ist und die Berge zum Greifen nahe (mit ausgezeichneter Fernsicht) sind, dann kann das Wetter bald umschlagen mit Sturm und Niederschlag.
Wenn der Himmel hellblau ist, dann deutet das weiterhin auf sonniges Wetter hin.
Wenn der Himmel vom Blau übergeht in ein Weiß oder Grau, die Luft im Flachland oder in den Tälern dunstiger wird, dann nähert sich ein Tief. Es steht eine Wetterumstellung bevor.

Saharastaub am Himmel, 18. 6. 2021 in Baden-Württemberg. Links: Weiß-gelber Himmel bei Merklingen. Rechts: Orange-gelber Himmel bei Wendlingen am Neckar

Links: Saharastaub am Himmel bei Hochdruckwetter in Alicante (Spanien), 30.7.2022.
Rechts: Starke Feinstaubbelastung durch Saharastaub am 30.03.2024 im Eisacktal.
Foto Brigitte Fink

Johanneskirche im Villnößtal, 14.12.2016. Blauer Himmel und stabiles, sonniges Hochdruckwetter. Rechts: Kitzsteinhorn, 21.1.2017

Links: Bei Maria Weißenstein am Regglberg färbt sich der Himmel über dem Rosengarten blau-lila. Die Sonne ist hier kurz vorher auf der gegenüberliegenden Seite untergegangen, 31.12.2019. Rechts: Dämmerung mit Purpurlicht in Mexiko, am Lake Bacala. Die Sonne ist vor einer guten halben Stunde untergegangen, zudem wird es hier schneller finster, 4.4.2022

Morgenrot und Abendrot

Du hast sicher schon mal ein schönes, grell leuchtendes Morgen- oder Abendrot gesehen. Manchmal leuchten Wolken beim Sonnenaufgang an der Unterseite rot auf, manchmal leuchten dünne Wolken in einem zarten Rosa, manchmal ist der Himmel in der Früh einfach nur grau, und manchmal geht die Sonne unter und leuchtet noch einmal die Wolken eines abziehenden Gewitters weiß bis gelb und dann kräftig orange an.

Zudem ist dir vielleicht schon mal, wenn die Sonne im Westen untergeht, im Osten eine blassgrüne grau bis orange Färbung aufgefallen. Ich hab so etwas beim Skifahren am späten Nachmittag nach dem Liftschluss bemerkt, nachdem die Stille eingekehrt ist und am östlichen Horizont der Himmel immer grüner und grauer wurde. Steht die Sonne 3 bis 4 °C unter dem Horizont, dann tritt am gegenüberliegenden Horizont (am Abend im Osten) die sogenannte Gegendämmerung und das Hauptpurpurlicht auf. Der Übergangsbereich vom hellen Himmel zum dunklen Himmel ist der sogenannte Dämmerungsbogen.

Alpenglühen nach dem sonnigen 20. September 2019. Zu sehen ist die Marmolata, vom Sellapass aus. Rechts: Blick von Barbian aus auf den Schlern in der Abendsonne, 25.10.2017

In den Alpen haben viele auch schon das schöne Leuchten der Felsen in der Abendsonne wahrgenommen, das sogenannte Alpenglühen. Das Alpenglühen ist ein allgemeiner Begriff und kommt eigentlich an allen Gebirgen der Welt vor, dabei ist auch die Farbe der Felsen entscheidend, welche Farben stärker aufleuchten oder nicht. Die kalkfelsigen Dolomiten sind weltbekannt für die besonders schönen Farben im Abendlicht im Herbst oder Winter. Wie wir bereits beim blauen Himmel vorhin gesehen haben, wird das Sonnenlicht an Partikeln und Molekülen gestreut und umgelenkt und spaltet sich in seine Spektralfarben (Regenbogenfarben) auf.

Bei der untergehenden (oder aufgehenden) Sonne wird der orange und rote Farbanteil (langwelliges Spektrum, energieärmeres Licht) an den Partikeln und Molekülen der Atmosphäre weniger gestreut und weniger stark umgelenkt, es ist für dein Auge somit besser zu sehen. Der blaue Farbanteil (kurzwelliges Spektrum, energiereicheres Licht) der untergehenden Sonne wird an den Partikeln und Molekülen stark gestreut und stärker umgelenkt.

Sehr viele Teilchen in den unteren Atmosphärenschichten verstärken noch die Färbung bzw. verschieben diese manchmal in ein

Links: Morgenrot in Wien-Hietzing mit sehr verwellter Wolkenuntergrenze, eine Front trifft gerade ein und leitet die stürmische Wetterlage (bis über Weihnachten) vom 20.12.2023 ein. Rechts: Abendrot mit Altostratus mamma (vgl. S. 134) in Wien beim Palmenhaus im Schlosspark Schönbrunn, 27.5.2021

starkes Rosa, Rot oder Purpur. Saharastaub, der Rauch von riesigen Waldbränden in Kanada, deren Rauchfahne bis zu uns nach Mitteleuropa gelangt, oder sogar Vulkanausbrüche, die Schwefelsäuretröpfchen in die Stratosphäre geschleudert haben und den Himmel ein bisschen trüben, erzeugen einen besonders schönfarbigen Himmel in der Früh oder am Abend.

Und natürlich gibt es auch für Morgen- und Abendrot Wetterregeln, wobei nicht jedes Morgenrot Regen bringt und nicht jedes Abendrot für schönes Wetter am Folgetag sorgt. Es gibt ein paar Punkte, die du bei dieser Wetterregel beachten solltest:

Gibt es Abendrot bei hoch liegenden, dünnen Wolken, dann trifft diese Wetterregel nur zu, wenn über Nacht die Wolken nicht dichter werden, denn dann zieht eine Front auf. Auch in der Früh muss diese Wetterregel nicht unbedingt zutreffen. Es geht dabei eher darum, dass in der Früh die Sonne im Osten aufgeht und die mittelhohen oder tiefen Wolken, die von Westen her aufziehen, von unten rot anleuchtet.

Abendrot Gutwetterbot, Morgenrot mit Regen droht.

Links: Abendrot im Eisacktal, 22.2.2020. Rechts: Morgenrot in Richtung Plose und Würzjoch. Hier folgte eine Kaltfront mit Regen und Schneefall auf den Bergen bis auf 1700 m, 22. September 2019

Wenn es eine winterlich kalte Periode mit Frost und vorher auch mit Schnee gibt, und plötzlich kommt Westwind auf, dann ist ein Ende der Frostperiode in Sicht. Nicht das Abendrot sorgt für das Frostende, sondern der Westwind, der aufkommt. Dieser verhindert dann Frost über Nacht, räumt die kalte Luft aus, und mildere Atlantikluft sickert nach und nach ein.

Abendrot bei West, gibt dem Frost den Rest.
Westwind und Abendrot machen die Kälte tot.

Es gibt verschiedene Bezeichnungen für die Stunden der Abenddämmerung. Die Dämmerung entsteht durch Reflexion und Streuung der Sonnenstrahlen in höheren Schichten der Atmosphäre. Bei der sogenannten bürgerlichen Dämmerung (Sonne steht 6 °C unter dem Horizont) ist noch so viel Licht da, dass du lesen kannst. Sie dauert 30 bis 40 Minuten. Bei der nautischen Dämmerung (Sonne steht 12 Grad unter dem Horizont) ist noch ein bisschen Licht da, und du siehst die ersten helleren Sterne am Himmel. Schiffe könnten sich dann schon nach den Sternen richten und manövrieren (nautische Navigation). Diese Phase dauert 60 bis 80 Minuten. Bei der astronomischen Dämmerung (Sonne steht 18 Grad unter dem Horizont) ist nur noch wenig Licht übrig, und im Westen wird der gelb-orange Streif zum Horizont hin schmäler und dunkler. Es gibt kein gestreutes Licht mehr über dir. Diese Dämmerung dauert etwa zwei Stunden.

Vielleicht ist dir auch schon mal aufgefallen, falls du in den tropischen Ländern Urlaub gemacht hast, dass dort die Dämmerung sehr kurz ist und die Nacht viel schneller hereinbricht. Das hat mit der steilen Sonnenbahn zu tun, die in den Tropen sehr kurz ist. Viel länger dauert die Dämmerung in den polaren Zonen.

Das Brockengespenst – Nebel und der eigene Schatten

Das „Brockengespenst“ beruht auf einem optischen Effekt, einer Art Projektion. Es braucht sehr feuchte Luft, im Idealfall Nebel. Die Sonne muss hinter dir stehen. Dabei projiziert sie deinen Schatten in den Nebel, und drumherum ist meist noch der helle, runde Lichtfleck, die Sonne selbst, zu erkennen. Das gebündelte Licht, manchmal ziemlich bunt, ist die Glorie.

Weil der Nebel sich mit dem Wind bewegt, mal dichtere, mal weniger dichte Nebelluft auf- und absteigt, scheint es so, als würde sich dieser Schatten zusätzlich noch ein bisschen regen und die Schattenfigur ein Eigenleben haben. In Sachsen-Anhalt, im Harz, gibt es einen Berg, den Brocken, der etwa 300 Nebeltage im Jahr zählt (d. h. Tage, an denen einmal vorübergehend, einmal den halben oder ganzen Tag lang Nebel vorkommt). Der Brocken hat dieser Erscheinung den Namen gegeben. Das Brockengespenst kommt allerdings nicht nur dort vor, sondern praktisch überall, wo Nebel und Sonne zugleich auftreten, vor allem aber in gebirgigen Regionen.

Auch wer schon mal mit einem Flugzeug über die Wolkendecke geflogen ist, hat dasselbe Prinzip beobachten können.

Glorie und schwacher Flugzeugschatten in Wolkendecke, 18.10.2018. Foto Florian Walka

Fata Morgana – ein Streich der Natur

Sicherlich hast du an Autobahnen oder Landstraßen am Ende der Straße oder bei Unebenheiten Pfützen oder „flimmernde Seen" gesehen, als würde das Wasser eines Flusses über die Straße laufen. Das sind ganz einfach Fata Morganen. Mehrere Schichten mit unterschiedlicher Temperatur und damit verbunden mehrere Schichten mit variierenden Luftdichten erzeugen eine Fata Morgana.

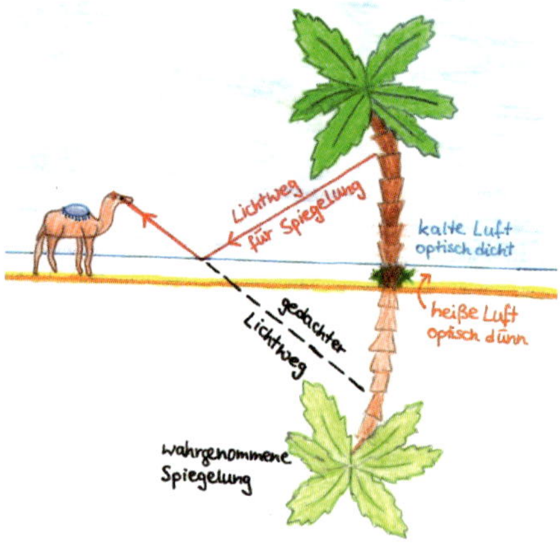

Lichtwege bei einer unteren Fata Morgana mit verschiedenen Luftschichten.

Zeichnung DPG_Inge Woest 2020

Tief – Kaltfront, Warmfront und Okklusion

Wenn du ein Altimeter (Höhenmesser) oder Barometer (Luftdruckmesser) auf der Uhr am Handgelenk hast, hast du oft schon bemerkt, auch wenn die Wetterlage sich nicht großartig ändert, sinkt der Luftdruck über Mittag fast immer etwas ab (vor allem an sonnigen Tagen), und am Altimeter nimmt die Höhe etwas zu.

Das liegt daran, dass die Sonne die Luft erwärmt. Die wärmere Luft steigt auf. Am Boden fehlt diese Luft, und es entsteht eine Art Unterdruck, ein kleinräumiges Tief. Zu diesem Tief strömt nun die Luft von allen Seiten daher, um den Druck möglichst auszugleichen, und der Wind frischt auf.

Umgekehrt, wenn nachts der Boden auskühlt, dann fällt die schwerere Luft nach unten und strömt an der Seite auseinander. Der Luftdruck steigt etwas, ein schwaches, kleinräumiges Hoch entsteht.

Hoch und Tief, das ist fix, ohne Sonne geht nix.
Grundsätzlich gilt: Steigen die Druckgegensätze in einem kleineren Gebiet, dann muss Wind her, um dies auszugleichen (physikalisches Prinzip).

Wie ein Hoch oder Tief entsteht

Steigen warme Luftmassen auf, dann hinterlassen sie am Erdboden ein „Luftloch", einen Raum, in dem der Luftdruck durch den Masseverlust abnimmt. Die Luft strömt nach oben, geht auf den Seiten irgendwann auseinander und sinkt dann durch Abkühlung wieder nach unten. Die absinkende Luft bewirkt am Boden einen Massezuwachs, der hohen Luftdruck erzeugt. Die Druckunterschiede gleicht dann der Wind aus, wie ich schon vorhin erklärt habe. Je größer der Druckunterschied auf engem Raum ist, je enger die Drucklinien beieinander liegen, desto stärker ist der Wind, der dies auszugleichen versucht.
Sichtbar werden Tiefs und Hochs am Satellitenbild durch Wolkenentstehung (Kondensation des Wasserdampfs) und Wolkenauflösung (Verdunstung der Wassertröpfchen). Tiefer Luftdruck wird somit mit nassem, windigem und gewittrigem Wetter assoziiert, hoher Luftdruck mit klarem Himmel, Sonnenschein und manchmal (vor allem im Winter und Herbst) mit Hochnebel.

Tiefs drehen sich auf der Nordhalbkugel, also bei uns in Europa, im Gegenuhrzeigersinn. Hochs im Uhrzeigersinn. Auf der Südhalbkugel ist es umgekehrt.

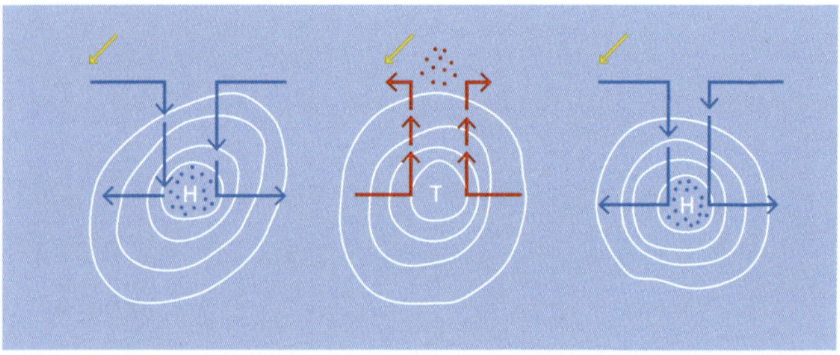

Beim Tief steigt die Luft auf, strömt oben auseinander und sinkt irgendwann seitlich wieder nach unten (gelbe Pfeile = Sonneneinstrahlung). Die Linien verbinden Punkte (Orte) mit gleichem Luftdruck, sogenannte Isobaren, wie in Abbildung auf S. 29.

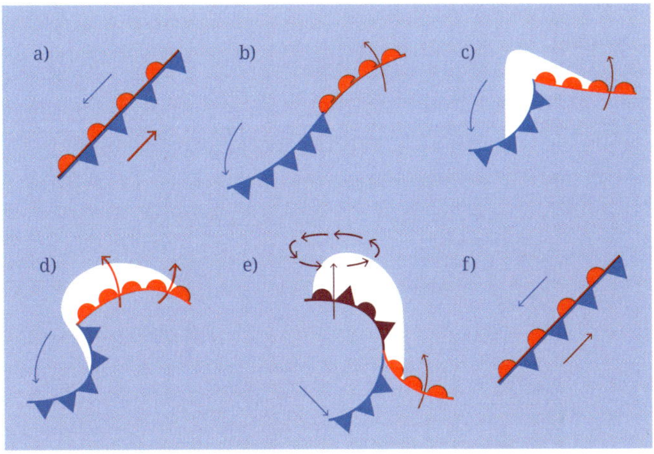

Lebenslauf eines Tiefs. Ein Tiefdruckgebiet entsteht, Kaltfront, Warmfront und Mischfront bilden sich aus. Am Ende ist wieder alles beim Alten.

a) Die angrenzenden unterschiedlichen Luftmassen erzeugen Fronten. Es genügt eine geringe Störung (zum Beispiel Sonneneinstrahlung, ein Gebirge, Temperaturunterschied von Land und Meer), um die warme und kalte Luftmasse in Bewegung zu versetzen, und somit ein Tief zu erzeugen.
b) Die warme Luft schiebt sich langsam über die kalte Luft. Die kalte Luft auf der anderen Seite in das Tief hinein.
c) Das Tief beginnt sich zu drehen. Eine Kaltfront und eine Warmfront sind geboren. Zudem entstehen durch Hebung der Luft jeweils Wolkenbänder mit Niederschlag.
d) Die Kaltfront ist schneller und holt die Warmfront langsam ein. Der Luftdruck sinkt weiter, und der Niederschlag wird stärker.
e) Kalt- und Warmfront vermischen sich, es entsteht eine Mischfront, genannt Okklusion. Dieser Vorgang geschieht in den meisten Fällen innerhalb von 24 Stunden.
f) Irgendwann geht dem Tief die Luft aus, es kommt kaum Energie nach, die Niederschläge und der Wind lassen nach. Speziell über dem Festland lösen sich die Fronten rasch auf (Frontenfriedhof).

Die Warmfront

Die Warmfront bringt wärmere Luft. Das ist mal die einfachste und logische Ableitung, die du dir hier merken kannst. Wenn die Luft tagelang kalt war und sich wärmere Luft über die kalte Luftmasse schiebt, dann gibt es eher ruhige und breitflächige Aufgleitvorgänge, wie langsame Entstehung immer dichter werdender Schleierwolken samt gleichmäßigem Regen. Die kalte Luft ist schwer, die warme Luft leichter und schiebt sich schön langsam über die Kaltluft.

Zuerst zeigen sich ein paar Federwolken, dann wird das Himmelsblau durch aufziehende dünne Schichtwolken etwas milchig (häufig ist um die Sonne auch ein Halo-Ring zu sehen). Dann werden die Wolken dichter, der Himmel grauer, die Sonne verschwindet, die Wolkenuntergrenze senkt sich, Wolkenfetzen sind zu erkennen und es beginnt zu regnen oder zu schneien.

Zieht so eine Front durch, dann freut es jeden Landwirt oder jede Bäuerin, weil nach einer trockenen Periode gleichmäßiger, länger anhaltender Regen aufzieht. Dieser Regen ist auch als Landregen bekannt.

Die Kaltfront

Die Kaltfront bringt kältere Luft. Hier geht es deutlich turbulenter zu. Die schwere kalte Luft schiebt sich unter die wärmere Luft, die wärmere Luft wird gehoben. Dadurch bekommen die wärmeren Luftpakete, die wie Blasen aufsteigen, starken Auftrieb. Die aufsteigende Luft kühlt mit der Höhe ab, der darin enthaltene Wasserdampf kondensiert und wird sichtbar, es entstehen größere Wassertröpfchen. Durch Kondensation wird Wärme freigesetzt, die den Auftrieb der Luftpakete noch verstärkt. Die kleinen Haufenwolken wachsen zu mächtigen Quellwolken heran, und schließlich werden Wasser und Eis in der Wolke zu schwer, und sie lässt den Niederschlag fallen. Es entstehen neben den Aufwindkanälen auch Abwindschläuche.

Kennzeichen der Kaltfronten sind sogenannte Schauer. Schauer sind im Gegensatz zum Landregen eher örtlich und zeitlich begrenzt.

Daher sprechen wir bei der Wettervorhersage häufig auch von lokalen Regen- oder Schneeschauern.

Die Schauer können dabei ziemlich intensiv ausfallen und auch Graupel oder Hagel mitbringen. Dabei hängt die Größe der Hagelkörner unter anderem vom starken Aufwind in einer Gewitterwolke ab, der auch mal über 100 km/h erreichen kann.

Eine Warmfront bringt gleichmäßigen, länger anhaltenden Regen, im Winter manchmal kräftigen Schneefall (durch Aufgleitvorgänge auf die eisige Luft). Eine Kaltfront wird begleitet von Schauern (und Gewittern), die lokal und örtlich begrenzt in unterschiedlicher Intensität fallen.

Die maskierte Kaltfront

Diese Front hat nichts mit Fasching zu tun. Ein besonderer Fall, den ich hier erwähnen möchte und der mir noch lange in Erinnerung bleiben wird, ereignete sich am 23. Jänner 2024. Die vorangegangenen Nächte waren im Alpenraum sehr kalt, mit Temperaturen selbst im Flachland von unter –8°C. Allerdings konnte man am 22. Jänner schon

Überfrorene Nässe (weiße Bereiche auf den Straßen) in Wien am 23. 1. 2024. Alles war spiegelglatt.

sehen, dass es oben zum Teil deutlich wärmer war als unten, sich also eine sogenannte Inversion ausgebildet hatte. So gab es beispielsweise –12 °C in der Früh in Lunz am See auf 601 m und zur selben Zeit +8 °C auf der Hohen Wand in rund 1000 m in Niederösterreich. Am Abend des 22. Jänner 2024 zog ein Regenband mit milderer Luft auf, eigentlich eine Kaltfront, aber für die Niederungen war es quasi eine Warmfront, da es oben abgekühlt hatte und unten wärmer wurde – so was nennt man eine „maskierte Kaltfront".

Aber das war nicht die einzige Besonderheit an diesem Fall. Es gab nämlich am Abend mit der Front teils schon Glatteis durch gefrierenden Regen, etwa im Salzburger Land und in Oberösterreich. In Wien kam die Front am Abend mit Regen bei +1 °C an. Damit war es größtenteils nicht rutschig (außer in den lokalen Kaltluftseen am Stadtrand). Nach dem Frontdurchgang riss der Himmel wieder auf, Sterne und Mond waren zu sehen. Es herrschte Windstille. Die Luft war diesig und sehr feucht. Als ich um 3:30 Uhr in die Arbeit ging, war die Temperatur schon wieder ins Minus gerutscht, immer mehr Straßen und Wege glitzerten vor mir oder waren einfach zur Gänze mit Eis überdeckt. Alles war spiegelglatt durch überfrorene Nässe. Das Problem gab es nicht nur in Wien, sondern auch im südlichen Wiener Becken, in Niederösterreich, im Wienerwaldgebiet, im Tullner Becken, im Raum Krems, im Marchfeld, im Burgenland und im Großteil der Steiermark.

Das war auch die erste Glatteiswarnung, die ich in aller Früh (4:30 Uhr) in meiner über 10-jährigen Laufbahn im Radio, auf Ö3 im Ö3-Frühaufsteherclub durchsagte. Auch im Ö3-Wecker musste ich aufgrund der gefährlichen Lage auf so großflächigem Gebiet im Osten Österreichs warnen. Es gab zahlreiche Unfälle, die Ambulanz im Landeskrankenhaus Graz nahm an jenem Tag 70 Patienten mit Knochenbrüchen auf.

Fronten im Alpenraum

In diesem Abschnitt kannst du dir ein Bild machen, welche Anströmungsrichtung samt Fronten und einem Tief für welche Regionen im Alpenraum Niederschlag bringt.

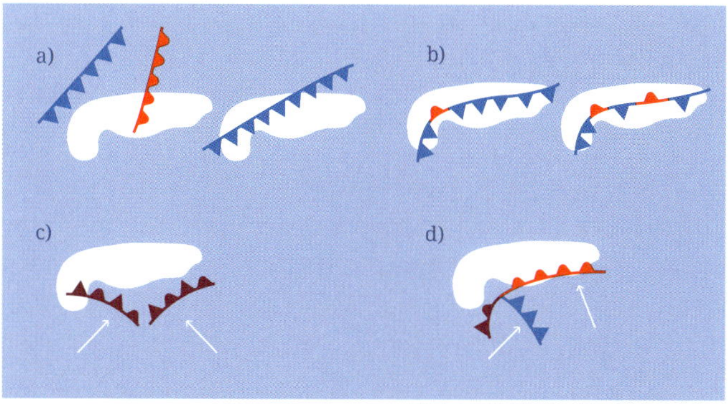

Kategorisierung der Fronten (samt Richtung), die in den Alpenraum ziehen. Festgelegt hab ich diese nach der Häufigkeit. Ausreißer sind hier nicht miteinbezogen. Blau: Kaltfront, rot: Warmfront, Pfeil: Frontrichtung

Skizze a): Der typische Frontverlauf ist zunächst eine Warmfront mit Landregen, dann folgen kurze Föhneffekte mit Wind aus Südwest bis Südost (sogenannter Warmsektor), wo sich auch wieder die Sonne zeigen kann. Dann folgt die Kaltfront aus Nordwest mit Regenschauern oder Gewittern und Windböen aus West bis Nordwest. Warmfronten aus Nordwest können auch zu ergiebigen Schneefällen an der Alpennordseite führen.

Skizze b): Dann gibt es manchmal Fronten, die bilden sich genau über den Alpen aus, etwa wenn kältere Luft nördlich des Alpenhauptkamms liegt und mildere Luft südlich davon. Oder die Front kommt von Nordwesten her an die Alpen und kommt irgendwie nicht weiter voran, verweilt längere Zeit über einem Ort oder über einer Region. Das sind dann sogenannte stationäre Fronten. Hier kann es dann länger anhaltend regnen und schneien. Im Sommer sind das manchmal auch eingefahrene Gewitterlagen, die tagelang immer wieder aufs Neue Gewitter im Laufe eines Tages produzieren, so geschehen im Sommer 2023, etwa im Juli.

Skizze c): Mischfronten (Okklusionen) aus südlicher Richtung bringen besonders im Winter teils ergiebige Schneefälle im Südalpenraum, wie im Jahr 1986, als gleich mehrere Okklusionen hintereinander zu einem historischen Schneefallereignis führten.

Skizze d): Das Genuatief, das bekannteste Tief im Alpenraum, bringt im Großteil des Alpenraums Niederschlag, vor allem im Südalpenraum, manchmal auch im Westen Österreichs. Wenn es dann wieder weiterzieht über die Adria, dann bedeutet das vor allem Niederschlag im Norden und Osten Österreichs. Dabei kommt es immer auf die Stärke des Tiefs an, auf die Größe und die verschiedenen Strömungen im Tief und auch darauf, wie schnell es weiterzieht. Ist es kräftig und zieht nur langsam, kann es in einigen Regionen zu großen Regenmengen kommen oder viel Neuschnee bringen.
Im Sommer kann eine sogenannte „Vb-Wetterlage" (Fünf-b-Wetterlage) auch zu Hochwasser führen, von Bayern über Oberösterreich bis nach Niederösterreich und Wien. Das Tief zieht von Genua über die Adria weiter nach Ungarn, in die Slowakei oder nach Polen, hat über dem Mittelmeer sehr viel Feuchtigkeit aufgesaugt und presst diese dann mit einem Schwung, von Südwest auf Süd, Ost, Nordost, Nord drehend, in Richtung Oberösterreich, Niederösterreich, Wien und in die nördliche/östliche Steiermark oder auch ins Burgenland. Staueffekte führen dann zu länger anhaltendem, ergiebigem Regen. Auch Teile Deutschlands, Tschechiens oder Polens können in diesem Fall von Regenmassen und Hochwasser betroffen sein.

Das war vielleicht ein bisschen viel jetzt mit all den Fronten aus allen möglichen Richtungen. Du kannst aber einfach mitnehmen, was ich in meiner damaligen Diplomarbeit mit vielen Starkniederschlagsereignissen aufzeigen konnte.

Es braucht für starken Regen oder Schneefall:

- starken Wind in der Höhe (in Mittel- oder Hochgebirgslagen und darüber),
- viel Feuchtigkeit, die auf engem Raum mit dem Wind zusammenkommt,

- starke Vertikalbewegung der Luft. Wenn starker Wind gegen ein Gebirge weht, wird die Luft gezwungen, aufzusteigen. Es regnet und schneit sich aus. Zusätzlich können in der vom Mittelmeer kommenden Luft Gewitter eingelagert sein, die bei Ankunft in Südtirol, Osttirol und Kärnten lokal noch größere Regen- und Schneemengen bringen können.

Schneefall: „Schnieseln“ bis „Huttln“ und die Schneefallgrenze

Was fasziniert Kinder und so manchen Erwachsenen mehr als schöner, dichter Schneefall, besonders große Flocken, die langsam zu Boden fallen und die Landschaft in ein märchenhaftes Weiß hüllen, wenn alles viel leiser erscheint und der frisch gefallene Schnee unter den Schritten knirscht. Letzteres passiert übrigens, weil die vielen Schneekristalle unter deinem Gewicht brechen.

Vielleicht hast du dich schon mal gefragt, warum der Schnee manchmal in dicken Flocken vom Himmel fällt und manchmal nicht. Bei den besonders großen Schneeflocken sagt man zum Beispiel in Teilen Südtirols „es huttlt“. So hat mein Vater immer gesagt, wenn draußen große Schneeflocken gefallen sind: „Schauts raus, wie es huttlt!“ – und in Österreich oder Deutschland sagt man dazu schon mal „es schneit Taschentücher“.

An dieser Stelle möchte ich das im Buchtitel stehende Wort „Schnieseln“ noch einmal erklären. Schnieseln ist leichter Niederschlag, ähnlich wie Nieseln, nur in Form von Eis, also sogenannter fester Niederschlag. Da fallen einzelne kleine Flocken oder auch nur einzelne Eisteilchen in Form von Plättchen, Dendriten, Prismen oder Sternen, aus Wolken, Nebel oder aus Hochnebel.

Diamantschnee bei Bad Kötzting im Oberpfälzer Landkreis Cham, im Osten Bayerns. Über zwei Stunden ist „das glitzernde Pulver“ aus Eis vom Himmel gefallen, 28.1.2017

Regional gibt es da ganz unterschiedliche Bezeichnungen, die ihr mir auf Social Media geschickt habt. So sagt man zum Beispiel in Kärnten, wenn es leicht schneit, es tut „schniedern“, im Südtiroler Vinschgau sagt man „feseln“, dann kennt man es auch als „fesern“, „flankerln“ oder „spudern“, in Wien auch mal „schneiberln“, im Ötztal heißt es „schneibelen“.

Sehr fasziniert hat mich auch mal an einem sehr kalten Morgen rund um Bad Kötzting (nahe dem Bayerischen Wald), genauer gesagt am 28. Jänner 2017, ein Glitzern in der Luft. Bei Temperaturen unter –15 °C haben Sonnenstrahlen, die durch den Wald gekommen sind, unaufhörlich geglitzert, als würden viele kleine Diamanten zu Boden fallen. Das war sogenannter Diamantschnee (auch „Diamantstaub“ oder „Polarschnee“). Das sind feinste Eisnadeln, die in der Luft schweben und langsam zu Boden fallen.

Wie entsteht eine Schneeflocke?

Zunächst einmal müssen die Temperaturen in der Wolke sehr tief sein, damit Wassertröpfchen gefrieren können. Da hat es schon mal unter –35 °C. Das muss aber nicht sein, denn die winzigen Wassertröpfchen in der Wolke können auch bei wärmerer Luft (immer noch im Minusbereich) gefrieren. Damit dies geschieht, benötigen die unterkühlten, flüssigen Wassertröpfchen einen Eiskeim, an dem sie anfrieren.

Ein Eiskeim kann ein Staubteilchen sein, Ruß oder zum Beispiel auch ein Bakterium oder eine Pilzspore. Also irgendetwas in kleinster Form, an das sich kleinste Wassertröpfchen anheften können und dabei sofort anfrieren. Das tun sie dann in der Wolke mit dem Auf- und Abwind immer wieder, sodass das Eisteilchen wächst. Schließlich werden die Kristallenden in der feuchten Luft immer größer. Der Kristall zieht sozusagen die Feuchtigkeit an. Schließlich verhakt sich der Eiskristall mit anderen Kristallen, es entsteht eine Schneeflocke. Je nach Feuchtegehalt und Temperatur sowie nach Verweildauer durch die passenden Windgeschwindigkeiten (Auf- und Abwind) in der Wolke wird die Flocke größer, verkettet und/oder verklebt sich weiter, oder bleibt kleiner.

Irgendwann fällt sie durch ihr Gewicht oder weil der schwache Wind sie nicht mehr in der Wolke tragen kann, zu Boden. Die mittlere Fallgeschwindigkeit beträgt 5–7 km/h.

Das perfekte Rezept für große Schneeflocken

Die Flocke muss möglichst lange in der Wolke bleiben, sodass sich die Eiskristalle ziemlich oft verketten und mit Wassertröpfchen zusammenkleben können. Da gibt es dann schon mal Schneeflocken mit einem Durchmesser von mehreren Zentimetern, ja sogar über 20 Zentimeter Durchmesser. Der Rekordhalter liegt in den USA, Bundesstaat Montana, in Miles City: 38 Zentimeter Länge (Schneeflocken in der Größe von Milchkannen).

Wenn die großen Schneeflocken zu Boden fallen, gibt es wenig Wind im Bodenniveau und eine Temperatur um 0 °C. Zu starker Wind würde die Flocke eher auseinandernehmen bzw. erst gar nicht größer werden lassen.

Idealerweise sollte es am Talboden maximal +1 °C und in einer Höhe von etwa 3000 m –5 °C haben. Es sollten also geringe Temperaturgegensätze herrschen, und auf Gipfelniveau dürfte es nicht allzu kalt sein.

Außerdem sollte die Luftschicht ziemlich feucht sein, also nahezu gesättigt (Sättigung tritt bei 100 % relativer Luftfeuchte ein). Daher stecken die Berge dann fast immer im Nebel, der schon mal ein paar zig Meter bis hundert Meter über den Boden reicht, oder eine Nebelbank.

Wenn es dann immer wärmer wird, was meistens nach solchen Ereignissen mit großen Schneeflocken geschieht, dann legt der Schneefall Pause ein bzw. Nieseln oder Schneeregen setzt ein. Damit eine Schneeflocke schmilzt, dauert es eine Weile. Die Fallstrecke, die die Schneeflocke zurücklegt, bis sie zum Regentropfen wird, beträgt je nach Luftfeuchtigkeit und Temperatur 150 m bei 100 % Luftfeuchte und 550 m bei 85 bis 90 % Luftfeuchte.

Pulvriger Schnee, Pappschnee – die Schneehöhe

Schön lockerer, pulvriger Neuschnee, richtiger Powder ist ein Traum für alle Wintersportler und Skitourengeher. Dagegen ist feuchter, pappiger Schnee schwer, was bald einmal zu Schneebruch im Wald führt. Feuchter Schnee stellt auch eine Gefahr vor allem für Flachdächer dar.

In Sachen Neuschneehöhen gilt grundsätzlich die Regel: 1 l Regen/Quadratmeter (oder 1 mm Niederschlag) entspricht 1 cm Neuschnee. Je kälter es ist, desto trockener der Schnee, desto mehr Lufteinschlüsse in der Neuschneedecke und desto höher fällt diese aus.

So können 10 cm Schnee bei 0 °C schon mal 15 bis 20 cm Schnee bei –4 °C ausmachen und über 20 cm Schnee bei –10 °C.

Neben der Lufttemperatur, der Bodentemperatur, der relativen Luftfeuchtigkeit hat auch die Stärke des Winds Auswirkungen auf die Schneehöhe, etwa durch Schneeverfrachtungen. Der Wind ist übrigens der Baumeister der Lawine. Neuschnee, massives Schneetreiben und Triebschneeansammlungen lassen die Lawinengefahr stark ansteigen.

Wenn viel Feuchtigkeit vom Mittelmeerraum oder von der Nordsee

Links: Große Schneeflocken am 16.1.2021 in Wien-Hietzing. Mitte: Große Schneeflocken am 15.2.2022 in Villanders im Eisacktal. Rechts: Große Schneeflocken in Wien-Penzing vom 9.12.2021

Heftiger Schneefall, dicke Schneeflocken bei 0 °C in Salzburg, 3.2.2018

her kommt und es in der Höhe nicht besonders kalt ist, dann kann der Schnee mal schwer und nass sein. Wir sprechen hier von Temperaturen um –4 bis +2 °C herunten und um die –5 °C in 2000 m Höhe.

Vielleicht erinnerst du dich an die extremen Niederschläge vom 4. bis 6. Dezember 2020, wo in Südtirol, Osttirol, Oberkärnten sehr feuchte, auch mit Gewittern durchsetzte Luft gegen die Alpen gepresst wurde. Mengen von 100 bis knapp 400 Liter (oder 100 bis knapp 400 mm) Regen auf dem Quadratmeter sind in diesen Regionen zusammengekommen, 370 Liter waren es in Kornat im Lesachtal. Viele von euch haben mir unzählige Videos geschickt. Es hat abwechselnd geschüttet, stark geschneit und auch dabei geblitzt und gedonnert.

Die Folge waren Überflutungen im Raum Lienz zwischen den Schneemassen, teils Hangrutschungen durch das unter der

Schneesterne, die in Kitzbühel in sehr kalter und relativ trockener Luft gefallen sind, 24.1.2019

Der nasse Schnee, der zeitweilige Gewitterregen und darauffolgend neuerliche Schneefall machten es den Menschen auch im Kärntner Gailtal schwer, wie hier bei Sankt Daniel an der Gail, nahe Dellach. Es gab zahlreiche Nassschneelawinen bzw. durch unterirdisch abfließendes Wasser auch Hangrutschungen. Fotos: Gerlinde Weger, 6.12.2020

Schneedecke abfließende Wasser. Feuerwehren mussten Wasser abpumpen. Im Eisacktal bei uns zu Hause hat es Obstbäume, die über 30 Jahre alt waren, einfach umgeworfen. Der zeitweilige Schneeregen machte die wenigen Zentimeter Schnee auf den Ästen so schwer und weichte zugleich den Boden unter der Schneedecke auf, dass die Bäume einfach umkippten. Mein Vater hat so was in 80 Jahren noch nie erlebt. Zudem kam es zu einigen Stromausfällen durch massiven Schneebruch bis in Mittelgebirgslagen. Tag- und Nacht knackte es in den Wäldern und waren dumpfe Geräusche zu hören, erzählte mir meine Mutter.

Bei diesem Event gab es 3-Tages-Summen-Rekorde (in l/m^2):
- 298 in Lienz (gemessen wird hier seit 1880)
- 294 in Sillian (gemessen wird hier seit 1948)
- 238 in Döllach im Oberen Mölltal (gemessen wird hier seit 1926)
- 225 in Sankt Jakob im Defereggen (gemessen wird hier seit 1948)

Dadurch, dass die Schneefallgrenze immer wieder vom Tal auf über 1200 m anstieg, setzte sich der Schnee und dadurch gab es kaum Schneehöhen-Rekorde. Nur in St. Jakob im Defereggen in 1383 m Höhe kam es mit 142 cm zu einem neuen Schneehöhenrekord für den Monat Dezember 2020, hier hat es durchgeschneit. In der Vergangenheit gab es noch folgende Dezemberrekorde in Sachen Schneehöhe: in Kornat 130 cm im Dezember des Jahres 1979, in Sillian 150 cm im Dezember des Jahres 1990.

Die Schneefälle Anfang Dezember 2023 sorgten von München bis nach Oberösterreich und anschließend auch Niederösterreich und Wien für Chaos. Rund um München fiel über ein halber Meter Neuschnee, ähnlich an der Grenze zu Oberösterreich. In Teilen des Inn- und Mühlviertels gab es über 40 cm Neuschnee, in Mittersill im Salzburger Pinzgau 45 cm. Verantwortlich dafür waren eisige Luft nördlich von München und ein Italientief. Die kältere Luft setzte sich zum Niederschlagsende hin auch im Osten Österreichs durch.

Die Schneemassen und der zeitweilige Schneeregen samt Gewittern verschütteten auch in Hopfgarten im Defereggen Wege und Straßen. Das braune abfließende Wasser sammelte sich, der Schnee musste mit dem Bagger beseitigt werden, 6. 12. 2020. Foto Stefan Lepuschitz

Mitte links: Beseitigen der Schneemassen, bevor der nächste Schneefall kommt, Kreuth in Kärnten, 4.1.2021. Foto Patrick Saiwald. Mitte rechts: 2-Meter-Schneewände vor der Haustüre in Innervillgraten am 8.12.2020. Foto Lorenz Gerges. Unten links: Schneemassen aus Würmlach in Kärnten am 4.1.2021. Foto: Birgit Trampitsch. Unten rechts: Schneemassen am 29.12.2020 in Lienz. Nach 50 cm Neuschnee betrug die Schneehöhe hier am Abend 105 cm. Foto Günther Redanz

Links: bis zu 50 cm Schnee lagen in München am 3.12.2023. Foto: Karin Ernst. Mitte: Am 4.12.2023 lagen bei der Otto-Wagner-Kirche am Steinhof in Wien 22 cm Schnee. Rechts: Am 3.12.2023 hatte es auch in Wien durch Aufgleitniederschläge vom Mittelmeerraum her und zeitgleich einer Konvergenz (Zusammenströmen der Luft aus West und Südost) heftig geschneit; in höheren Lagen Wiens über 20 cm Neuschnee.

Links: Warth am Arlberg am 1. Advent, 3.12.2023. Hier freute man sich über den Neuschnee. Foto: Martina Stolz. Rechts: Melanie Schwarzl aus Tulfes hat diese wunderschöne Aufnahme mit Blick in Richtung Nordkette am 3.12.2023 gemacht.

Die Schneefallgrenze

Die Schneefallgrenze ist eine mehrere hundert Meter dicke Schicht, in der der Schneefall in Regen übergeht. Also eine Schicht, in der Regentropfen und Schneeflocken vorkommen und nach unten hin der Regenanteil zunimmt. Besonders schön kannst du immer wieder an den Bergen, etwa in den Alpen, die scharfe Grenze vom weißen Wald in höheren Lagen zum schneefreien grünen Waldbereich beobachten. Das ist dann die sogenannte Schneegrenze (auch Schnee-liegen-bleib-Grenze) Unvorhergesehene Schneefallgrenze – hier musst du mehrere Dinge beachten:

1) Je trockener die Luft, bevor der Niederschlag einsetzt, d. h. je tiefer die Taupunkttemperatur (im besten Fall unter 0,8 °C) oder je niedriger die relative Luftfeuchtigkeit ist (unter 90 %), desto eher sinkt die Schneefallgrenze ab.
   Der Grund ist Verdunstung, die der umgebenden Luft Energie entzieht, wodurch sie abkühlt. Der Wind sollte dabei eher schwach sein. Diesen Vorgang bezeichnet man als Absinken der Schneefallgrenze durch Verdunstungskühlung. Verdunstung über einen längeren Zeitraum erhöht gleichzeitig die Luftfeuchtigkeit der Umgebungsluft. Je feuchter die Luft ist, desto geringer dieser Effekt. Ist die Luftschicht dann feucht genug, wird die Schneeflocke wässriger und beginnt zu schmelzen.

2) Beginnt es zu schneien und hat es in einer Höhe von 1500 m um –1 °C, so kann es bei anhaltendem Niederschlag, der sich intensiviert, durchaus sein, dass die Luft im Tal oder Becken immer mehr auskühlt, sodass es schlussendlich eine weiße Überraschung gibt.

Voraussetzung ist eine gleichbleibende Temperatur in Mittelgebirgslagen, wenig Wind, idealerweise Windstille und ein Anhalten der intensiven Niederschläge. Zudem ist eine Luftschicht von Vorteil, bei der die Temperaturdifferenz zwischen dem Talboden und beispielsweise 1500 m Höhe höchstens wenige Grad aufweist.

Unter solchen Bedingungen setzt die sogenannte Niederschlagsauskühlung ein, die schmelzenden Schneeflocken entziehen der Umgebungsluft Energie, und diese beginnt abzukühlen. Die sich abkühlende Schicht arbeitet sich sodann immer weiter nach unten.

Entscheidend dabei ist auch das Luftvolumen, d. h. wie viel Luft über dir als Betrachter liegt. In einem engeren Tal ist weniger Luft enthalten als in einem breiteren Tal (in einem V-Tal weniger als über einem U-Tal). Über einem Tal ist weniger Luftvolumen als über einem Becken. Über einem Becken, das von Bergen umgeben ist, ist weniger Luftraum als über einem weitläufigeren Becken oder im Flachland. Das bedeutet, in einem Tal sinkt die Schneefallgrenze viel leichter ab als in einem breiten Becken oder über dem Flachland.

Grob kann man sagen, damit die Schneefallgrenze über dem Flachland von 1500 m bis zum Boden sinkt, braucht es 50 Liter Regen auf dem Quadratmeter (oder 50 mm Niederschlag). Im Tal braucht es dagegen etwa die Hälfte, also nur 25 Liter pro Quadratmeter (25 mm), damit die Schneefallgrenze zum Talboden hin absinkt. Bitte beachte dabei: Die Temperatur in der Höhe muss gleichbleiben oder darf nur minimal abnehmen, und es muss nahezu Windstille herrschen.

Im engen Tal sinkt die Schneefallgrenze (bei Niederschlag und wenig Luftaustausch) viel schneller ab als im Flachland. Im engen Tal genügt die Hälfte des Niederschlags des Flachlands, um die Schneefallgrenze zu senken. Dies geschieht bei kühler, feuchter Luft von Nordwest/Südwest, also maritimen Ursprungs. Schwieriger wird das (wegen lokal sehr unterschiedlicher Effekte), wenn mit einer Warmfront Warmluft über kalter Luft oder über Kaltluftseen, die unterschiedlich weit hinaufreichen, herangeführt wird.

So schneite es erst kürzlich in Südtirol viel weiter herunter, als es die Computerberechnungen dargestellt hatten. Die Schneefallgrenze sollte kurzzeitig in der Nacht auf den 18. Jänner 2024 bei 700 m Höhe liegen.

Der Meteorologe mit Erfahrung weiß, es heißt aufpassen, wenn die Anströmung kurz auf Südwest bis Süd dreht und es zuvor frostig war. Dann hält sich im Trentino oder in Südtirol und manchmal auch noch in der Poebene die kältere Luft länger und es bildet sich häufig eine Art Kaltluftkissen aus. Durch dieses Kissen kann es bis ganz ins Tal herunter schneien, und das so lange, bis die Niederschläge nachlassen oder es in der Höhe zu mild wird.

Das Kaltluftkissen ist geschützt durch die Berge. Diese verhindern eine zu schnelle Durchmischung durch den Wind, die Kaltluft kann sich in den Tälern und Becken länger halten. Es kann aber durchaus sein (wie ich häufig beobachtet habe), dass es föhnige Effekte im Dolomitenraum, zwischen Bruneck und Klausen im Eisacktal, mit ein paar Sonnenstrahlen und Plusgraden gibt, während es in Kaltern, Eppan und Terlan oder Bozen schon länger schneit und weiß geworden ist. Beim Starkschneefallereignis Ende Januar und Anfang Februar 1986 schneite es im Raum Brixen und Klausen oder Waidbruck durch den Südostwind in der Höhe weniger als anderswo in Südtirol. Die Dolomiten haben hier einiges an Schneefall zurückgehalten.

Am 17. Jänner 2024 herrschte Dauerfrost in vielen Tallagen Südtirols. Der Wind drehte auf Süd, bereits in der Früh zeigten sich somit vielerorts hochnebelartige Wolken, aus denen es auf den Bergen ein wenig schneite. Im Tal blieb es trocken. Ein paar Sonnenstrahlen ließen die Luft ab Mittag in vielen Tälern und im Bozner Unterland ins Plus steigen. Am Abend kühlte es wieder aus auf Werte von +3 bis –2 °C. Allerdings war die Luft da noch eher trocken. Somit gab es mit den paar Schneeschauern zunächst Schneeregen oder Regen. Schlussendlich wurde der Niederschlag heftiger, bis es dann nachts kurz auch im Bozner Unterland schneite, auf unter 250 Meter statt, wie im Modell angezeigt, auf 700 m.

Die Schneefallgrenze ist vor allem bei Südwind in den Wettermodellen schwer zu erfassen. Da eben Niederschlags- und Verdunstungsauskühlung sowie Auskühlung durch das Schmelzen von Schneeflocken nicht einbezogen werden können. In diesem Zusammenhang kann schon mal eine Fehleinschätzung der Schneefallgrenze von 1000 bis 1500 m passieren. Dies vor allem, wenn das Kaltluftkissen bei Süd- bis Südostanströmung im Piemont, im Aostatal, in der Lombardei, im Trentino und in Südtirol für 12 bis 36 Stunden

Links: Südstau hatte über Nacht am 17.1.2024 in Südtirol eingesetzt mit zeitweiligem leichtem Schneefall auf den Bergen. Selbst in Lagen um 700 m Höhe zeigten sich einzelne Schneeflocken. Hier im Bild Blick auf den leichten Schneefall (Trübung unterhalb der Waldgrenze) auf den Hausberg von Brixen, die Plose. Mitte: Ein Rotkehlchen nähert sich dem Haus. (Mein Vater meinte, ein Zeichen, dass Schnee kommt.) Am Abend war der Himmel leicht klar, es kühlte wieder aus. Rechts: In der Nacht auf den 18. 1. schneite es ganz herunter, selbst in Bozen. Die Schneefallgrenze in den Wetterkarten lag bei 700 m, aber in der Realität schneite es auf unter 250 m hinunter.

erhalten bleibt, ein Phänomen, das ich in meinen vielen Jahren der Wetterbeobachtung feststellen konnte und auch in meiner Diplomarbeit behandelte.

Am 30. November 2008 gab es in kurzer Folge am Tag und dann in der Nacht auf den 1. Dezember 2008 zweimal ein Tief über dem Westen Frankreichs, starke Anströmung aus Süd/Südost über Norditalien und Südtirol, und somit hier zweimal in Folge heftige Schneefälle. Starke Hebung, d. h. eine horizontale Zufuhr von Luftmassen, führte hier inklusive einzelner Gewitter zu großen Neuschneemengen mit feuchtem, nassem Schnee. Die Temperatur zwischen Bozen und Jenesien oder Unterinn am Ritten hatte kaum 1 °C Unterschied (eine Höhendifferenz von fast 1000 m), und somit schneite es bei intensivem Niederschlag bis ins Tal. Bei Nachlassen des Schneefalls zwischendurch nieselte oder regnete es wieder bis auf 1000 m hinauf, weil die Luft in der gesamten Höhe derart feucht war. Somit schwankte die Schneefallgrenze stark.

Links: 60 cm Neuschnee in Jenesien, am 1.12.2008. Es gab in der Nacht starke Niederschläge direkt aus Süd, ein paarmal blitzte und donnerte es auch (Wintergewitter). Rechts: Schneeschichten auf der Villanderer Alm, die Neuschnee-Ereignisse sind an den Linien am Dach zu erkennen, 17.2.2009

Ähnlich krasse Fälle gibt es beispielsweise öfter in Osttirol oder Kärnten. Da sinkt die Schneefallgrenze schon mal innerhalb weniger Stunden von über 1300 m bis nach Lienz auf 600 m Höhe oder Klagenfurt auf 450 m Höhe ab.

Spezielle Fälle – Schneefall mitten im Jahr / im Sommer

So manchem sind wohl auch Ereignisse, wenn es im Juni oder Juli ins Tal schneit, noch in Erinnerung. Es kommt extrem selten vor, aber mein Vater hat mir erzählt, dass es in den 50ern (leider weiß ich das genaue Jahr nicht) im Juni geschneit hatte, mit einem Gewitter, dass es die Reben im Eisacktal niederdrückte und man warten musste, bis sie neue Triebe gebildet hatten. Auch im älteren Bekanntenkreis fragte ich nach, wann das genau war. Da erhielt ich eine ähnliche Antwort, dass zuerst ein Gewitter im Juni niederging, es dann über Nacht bei Regen kalt wurde und auf der Barbianer und Villanderer Alm 20–30 cm Schnee fielen. Der Schnee kam dann über Nacht bis ins Tal nach Waidbruck (470 m Höhe, bei einer Talenge im Eisacktal). Leider konnte ich bis jetzt das genaue Jahr nicht festmachen. Letzte Erzählungen legten das Ereignis auf das Jahr 1956 oder 1957 fest.

Dann gibt es einen dokumentierten Fall aus dem Jahr 1890: Vom 12. zum 13. Juli schneite es in einigen Tälern der Alpennordseite bis

500 m herab, und eine geschlossene Schneedecke entstand. Grund dafür war ein Genua-Tief mit intensiven Niederschlägen auf beiden Seiten der Alpen. In Innsbruck schneite es mehrere Zentimeter. Das war kein Wintereinbruch im Sinne von Schnee aus Nordeuropa, sondern durch die starken Niederschläge sank die Schneefallgrenze ab.

Am 5. Juli 1978 gab es eine ähnliche Wetterlage, intensive Niederschläge im Alpenraum. In Innsbruck gab es damals Schneeregen.

Ein von mir dokumentiertes Wetterereignis mit unerwartetem Schneefall bis ins Tal gab es am 18. November 2002 in Bozen. Dabei kühlte es in der Höhe vom Vinschgau her etwas ab. Eine Mischfront (Okklusion) brachte viel Niederschlag. Wir hatten gerade Turnunterricht, und ich schaute während des Basketball-Spielens aus dem Fenster. Da sah ich, wie der Regen in dicke Schneeflocken überging. Es wurde sogar in Bozen weiß, ein dünner Schneematsch-Film legte sich über die Stadt.

Eine südöstliche starke Höhenanströmung im Dolomitenraum brachte noch Warmluft, dagegen sickerte kühlere Luft vom Vinschgau her über Meran, Nals und Terlan in Bozen ein. Dies reichte aus, um die Schneefallgrenze bis nach Bozen (265 m Höhe) abzusenken. Zeitgleich regnete es aber in den Dolomiten (ein paar zig Kilometer weiter östlich) noch bis auf 2000 m Höhe hinauf. Zu diesem Zeitpunkt kam dann das Tief von Genua über Südtirol und dem Trentino zum Erliegen.

Das extreme Winterereignis Ende Jänner/Anfang Februar 1986

Dieses winterliche Starkschneefallereignis ist vielen noch in Erinnerung. Zuerst strömte sehr kalte Luft aus Skandinavien über Deutschland nach Österreich und Südtirol. In Rein in Taufers in Südtirol gab es am 27. Jänner 1986 früh am Morgen –24 °C, auch sonst vielerorts –20 bis –15 °C in den Tallagen nördlich von Klausen im Eisacktal, –9 °C in Bozen. Am 30. und 31. Jänner sowie am 1. Februar schneite es dann mit Mischfronten (Okklusionen) aus Süd/Südost stark und länger anhaltend.

Es fielen (Werte nur ungefähr, weil das Messnetz wegen des vielen und schweren, nassen Schnees zusammenbrach): 121 mm (l/m^2) in

Bozen, 112 mm in Sexten bis zu 80 mm an vielen anderen Stationen, wie in St. Leonhard in Passeier, Gais, Brixen, Naturns oder St. Valentin auf der Haide. In Summe sind als Schnee 40 bis 100 cm (stellenweise auch mehr) im Land zusammengekommen, selbst in Bozen etwa ein halber Meter schwerer, nasser Schnee.

In Toblach (1220 m Höhe) fielen bis zum 1. Februar 1986 150 cm (1,5 m) Schnee.

In Osttirol, in Sillian (1100 m Höhe), waren es 170 cm (1,7 m).

Auch in der Steiermark gab es bei diesem Niederschlagsevent extreme Mengen:

Im Grazer Becken, im Grazer Bergland, im Aichfeld (rund um Zeltweg, Judenburg, Knittelfeld und Spielberg) fiel zwei- bis dreimal so viel Niederschlag als in einem Februar üblich. In Graz kamen zwischen 70 und 80 cm Schnee zusammen, in Bruck an der Mur um die 85 cm, in Zeltweg 122 cm und am Hausberg der Grazer, am Schöckl (1440 m Höhe), waren es 230 cm. In den Medien wurde durchgegeben, dass man im Großraum Graz Schneeketten montieren müsse. Es ging nichts mehr, Seitenstraßen waren unpassierbar, man wusste nicht mehr, wohin mit dem vielen Schnee.

Die Wettervorhersage

Synoptik (griech. Synoptikós, bedeutet so viel wie „übersichtlich/zusammengestellt“) ist, kurz erklärt, die „Zusammenschau“ aller Wetterelemente, die man wahrnimmt und ablesen kann, vom Großen (länderübergreifend) hin zum Kleinen (bei dir vor Ort).

Ich schau mir beispielsweise den Wetterverlauf von vorgestern und gestern an, etwa anhand von Bodendruckkarten mit eingezeichneten Hochs und Tiefs, Linien gleichen Luftdrucks (Isobaren), eingezeichneten Fronten und Bedeckungsgrad diverser Wetterstationen in Europa. Schließlich auch steigenden oder fallenden Luftdruck, Bedeckungsgrad mit Wolken an den Wetterstationen in Europa, wo es regnet und schneit sowie Windrichtung und Windstärke.

So hat man das im 19. Jahrhundert gemacht. Auch beim Beantworten all der Wetteranfragen, die auf Social Media hereinkommen, schau ich mir das Wetter der letzten Tage an und wie es aktuell ist und erstelle dann meine Prognose.

Im Studium mussten wir die aktuelle Wetterlage auf einer Bodendruckkarte analysieren und Fronten einzeichnen mit Regen oder Schneefall.

Bei der Wetteranalyse prüft man zunächst die Wetterlage auf der

Nordhalbkugel, dann in Europa, schließlich in Österreich und zuletzt z. B. die Lage in Innsbruck. Wie warm oder kalt war es? Ist etwas Unerwartetes passiert? Wenn ja, versucht man zu analysieren, warum etwas unerwartet eingetroffen ist. Ich betrachte dann den aktuellen Wetterzustand, indem ich Wolkenarten, Höhe der Wolken, Windrichtung und -stärke, Niederschlag, Tiefstwert und Höchstwert, den Luftdruck zwischen dem Tiroler Oberland und Unterland analysiere, den Luftdruck von Landeck, Innsbruck, Kufstein und weiter nördlich den von München, um aufgrund dieser Daten vielleicht eine Aussage machen zu können, ob es in der kommenden Nacht Hochnebel geben wird oder nicht. Auch der Taupunkt sagt etwas aus, z. B. wie kalt es in der kommenden Nacht werden könnte.

Schließlich studiere ich die Prognosekarten, etwa jene des europäischen Wettermodells ECMWF oder des amerikanischen Wettermodells GFS. Anhand dieser Karten mach ich eine Prognose. Dazu lasse ich bestenfalls noch meine persönliche Erfahrung einfließen: Wie wahrscheinlich ist es für mich, ob noch ein Gewitter aufzieht, ob über Nacht Hochnebel einfällt, ob es Regen geben oder der Föhn durchbrechen wird. An dieser Stelle muss ich sagen, Meteorologie und Wettervorhersage an sich sind ein Zahlenspiel mit Wahrscheinlichkeiten.

In meinem Studium der Meteorologie und Geophysik in Innsbruck war es immer Pflichtprogramm, praxisnah eine Wetterprognose für die kommenden Tage zu erstellen. Abwechselnd musste jeder immer abends einen „Vortrag“ über das Wetter der letzten Stunden abhalten, über die aktuelle Lage und was uns künftig erwarten wird. Also schon mal eine gute Vorbereitung in Sachen Wettervorhersage, falls du mal Meteorologe oder Meteorologin werden willst.

Um eine möglichst sichere Prognose der nächsten Stunden abzugeben, solltest du dir immer das Wetter von vor einem Tag oder von vor zwei Tagen anschauen. Dann analysieren, warum gewisse Sachen nicht eingetroffen oder unerwartet passiert sind. Vom aktuellen Zustand gehst du dann aus, um deine Prognose zu machen.

Am Montag zum Beispiel schaust du dir an, wie das Wochenende war. Dann das aktuelle Wetter mit Messwerten mancher Stationen und in der Umgebung, auch im angrenzenden Ausland. Wie hat sich die Großwetterlage geändert, und wie wird sie sich in naher Zukunft ändern?

Du wirst merken, du wirst viel sicherer in deiner Aussage sein, wenn du es begründen kannst, warum du am Wochenende mit höheren Temperaturen rechnest, oder warum es mal in Mistelbach nicht regnet, dafür in Gänserndorf oder in Gols, wo du sogar mehr Regen erwartest. Die Wettervorhersage eines Meteorologen oder Hobbymeteorologen wird immer mit dem Vorhandensein aller Wetterinfos aus der Vergangenheit und Gegenwart erstellt.

Ich will hier nicht auf die Eigenschaften, Unsicherheiten, Pro und Contra in den diversen Vorhersagemodellen eingehen, aber es kann nicht schaden, wenn man vereinfacht ein paar Dinge darüber weiß:

1) In den Vorhersagemodellen haben wir eine Art idealisierte Topografie. Das bedeutet, dass die Alpen nicht real im Modell abgebildet sind, sondern vereinfacht dargestellt werden. Mancher Ort, wie Lienz oder Innsbruck, hat in dem einen Modell somit eine ganz andere Höhe als in der Realität. Täler und kleinere Becken können manchmal nicht gut dargestellt werden oder fehlen im Modell ganz.

2) Es müssen möglichst genaue aktuelle Werte in die Prognosemodelle einfließen. Merke: Ein kleiner Unterschied der Temperatur oder der Luftfeuchte, des Windes oder des Luftdrucks kann in der Vorhersage für den 4. Tag (oder noch früher) in der Zukunft prognostisch schon ein anderes Wetter bringen.

3) Man spannt über die Erde ein Netz mit sogenannten Gitterpunkten. Für jeden Gitterpunkt werden Werte anhand bestimmter Formeln errechnet. Da dazwischen quasi leere Räume sind, wird interpoliert. Das heißt, man kann nicht auf die 100 Meter genau Vorhersagen treffen, sondern man schätzt über größere Räumlichkeiten (also von einem zum anderen Gitterpunkt, im Maßstab von mehreren Kilometern) einen Wert dazwischen. Das ist quasi nur ein Richtwert, der aussagt, dass es beispielsweise stark regnen oder trocken bleiben könnte. Der vorhergesagte Niederschlag einer Region ist somit nicht 1:1 abzulesen. Bitte niemals die Werte direkt ablesen und meinen, es fallen morgen am Nachmittag genau 17 Liter Regen auf den Quadratmeter, oder es bleibt nördlich von Klagenfurt sogar ganz

trocken. Da braucht es dann immer einen Meteorologen oder erfahrenen Hobbymeteorologen, der gewisse Wetterlagen und lokale Phänomene deuten kann. Der schätzt dann ab, was er kommen sieht oder nicht.

4) Je genauer ein Modell ist, umso genauer die Prognose, möchte man meinen. Das stimmt aber leider nicht immer. Etwa in puncto Windprognose oder bei Gewittervorhersagen im Sommer, wo es bei windschwachen Wetterlagen immer schwierig ist vorherzusagen, wo genau am Nachmittag ein Gewitter entstehen bzw. durchziehen wird. Je genauer, desto mehr Fehler schleichen sich ein, beispielsweise, wenn das Modell A ein heftiges Gewitter am Nachmittag über Oberbayern entstehen lässt und sich dadurch am Abend orkanartiger Wind auf den Weg nach Oberösterreich macht. Gröbere Wettermodelle wollen davon aber nichts wissen. Jetzt liegt es an dir: Gehst du das Risiko in deiner Prognose ein und glaubst an das Gewitter, oder vertraust du den anderen Wettermodellen, die das Gewitter nicht kommen sehen? Es kommt nämlich schon mal vor, dass das Gewitter woanders entsteht oder gar nicht, und dann hast du, was den Wind in Oberösterreich betrifft, eine Fehlprognose gemacht. Wenn du dich zu sehr auf ein Modell stützt und sagst: „Leute, heute Abend kommt ein Gewitter in Oberbayern (was es dann nicht tut) und später der orkanartige Wind in Oberösterreich (was er dann auch nicht tut)“, dann hast du Pech, weil du nur auf das eine Modell „gehört“ hast. Es liegt immer an dir, ob und welche einzelne „Modell-Ausreißer“ du berücksichtigst, ob du dem einen mehr Gewicht gibst oder es in deiner Prognose komplett ignorierst.

Manchmal lohnt es sich dann auch, einen Schritt weiterzudenken, etwa wenn beispielsweise über den Fischbacher Alpen ein Gewitter entsteht, dann fällt ja die kältere Luft aus der Gewitterwolke samt Regen und möglichem Hagel heraus, fließt am Boden auseinander, in die Täler, und dadurch könnten sich Stunden später ein paar Berge weiter, beispielsweise über der Buckligen Welt, die nächsten Gewitter bilden. Entsteht hier dann ein kräftiges Gewitter, so kann es am Neusiedler See schon mal eine Unwetterwarnung geben, weil das Gewitter aus den Alpen dann rausziehen und mit Sturmböen über den See fegen kann. Allerdings wäre das alles schon zu weit gedacht, weil es sein könnte, dass man den Gewitterschirm nur kurz mal von Podersdorf aus in Richtung Alpen ziehen sieht und er sich darauf rasch auflöst. Und dann hätte man eine arge Fehlprognose abgegeben. Daher ist es immer von Vorteil, solch ein mögliches Szenario im Hinterkopf zu behalten und erst kurz vorher, wenn es so weit ist, eine Wetterwarnung zu machen.

Du kannst also schon mal erkennen, dass es allein durch Modellablesen mit der Wettervorhersage nicht so einfach ist, eine treffsichere Prognose abzugeben. Da wird sich aber in den kommenden Jahren, vor allem mit der künstlichen Intelligenz – wie in vielen anderen Lebensbereichen –, bei der Wettervorhersage so einiges tun. Wir gehen davon aus, dass sich die Prognosen bessern werden, allerdings ist die Rechenleistung eines solchen Supercomputers gigantisch.

Grundsätzlich werden bei der Wettervorhersage unterschiedliche Zeiträume behandelt:

Die nächsten 1 bis 3 Tage machen die sogenannte Kurzfristprognose aus. Die Trefferquote einer Vorhersage für den nächsten Tag liegt aktuell bei etwa 85–90 %, also die Prognose passt etwa in 9 von 10 Fällen.

Je länger die Prognose sich in die Zukunft zieht, desto fehlerbehafteter wird sie. Die Trefferquote geht zurück. Die Trefferquote der Vorhersage für den 3. Tag liegt nur noch bei etwa 75 % (immerhin passt die Prognose noch in 3 von 4 Fällen).

Geht die Prognose noch weiter in die Zukunft (bis zum Tag 10), so nennt man dies eine Mittelfristprognose. Solche Vorhersagen haben nur in wenigen Fällen eine gute Trefferquote, meist ändern sie sich von einem Modell-Lauf zum anderen. Also wenn die neuen Prognosekarten hereinkommen, kann es gut sein, dass für den 7. Tag im Voraus zuerst Schneefall angezeigt war, das Wettermodell aber von dem nichts mehr wissen will und stattdessen auf einmal Sonnenschein und Südföhn anzeigt. Dann muss man sich als Meteorologe entscheiden, spreche ich über dieses mögliche Szenario und verunsichere die Leute, oder mache ich so manche Person glücklich, weil der Schnee kommt, oder lass ich es bleiben und warte noch ein paar Tage ab, um dann vielleicht den möglichen Schneefall anzusprechen. Geht die Prognose noch weiter in die Zukunft, spricht man von Langfristprognosen. Auch ich mach solche Prognosen ab und zu mal, vor allem dann, wenn die Großwetterlage in Europa sich „eingestellt" hat, wie ich gerne sage.

Wenn beispielsweise ein Tief nach dem anderen von den Britischen Inseln in Richtung Deutschland zieht, so kann ich schon mal die Aussage treffen: „… In den nächsten Wochen ist kein stabiles Hoch mit anhaltendem Sonnenschein und warmer Luft oder geschweige denn Badewetter zu erwarten …" Hier handelt es sich dann um Tendenzen: Wird es über einen längeren Zeitraum wärmer, kälter, wird das wochenlange Hochdruckwetter samt Hitze und Trockenheit beendet, ist Abkühlung in Sicht.

Bei Langfristvorhersagen ist immer große Vorsicht geboten, und man muss sich die Frage stellen: Gehe ich das Risiko ein oder nicht? Schlussendlich richtet sich ja so mancher in der Tourismusbranche (Schwimmbäder, Hotels, Skigebiete, Strände inklusive der Betreiber der Strandliegen und Bars) oder in der Landwirtschaft und der Gartengestaltung auch mal nach so einer Langfristprognose. Wie vorhin schon angesprochen, geht es hier nur um Tendenzen, etwa durch die Änderung der Großwetterlage: Schwächt sich das Islandtief ab, wird das Azorenhoch stärker und streckt seine Fühler zu uns nach Mitteleuropa aus, kommt das Subtropenhoch mit Hitze von Afrika über das Mittelmeer zu uns und bringt die erste große Hitzewelle … ein geschultes Auge kann solche Änderungen auf Wetterkarten sehen – oder eben nicht. Wie gesagt, je genauer eine Langfristprognose wird, desto größer ist die Wahrscheinlichkeit, komplett zu versagen.

Mach niemals eine Punktprognose bei einer Langfristprognose!

In 14 Tagen vorherzusagen, ob es in Linz oder in Horn regnet bei 10 oder 12 °C, ist kompletter Schwachsinn, um es noch höflich auszudrücken. Wenn man eine solche Prognose machen will, bitte immer die größere Skala betrachten, etwa Nordeuropa, Westeuropa oder den Mittelmeerraum, und nicht nur einen kleinen Ort.

Dann gibt es noch so was wie Saisonprognosen oder Jahreszeitenprognosen. Auch hier kann man nur großflächig für Europa irgendwelche Tendenzen prognostisch ablesen, etwa dass der Sommer zu warm wird, der Winter zu kalt. So was stimmt aber leider nicht immer, und regional sagt es nicht allzu viel aus, wenn ein Prognosemodell den Winter um 1 °C zu warm gibt.

Was mach ich schlussendlich mit solch einer Information? Ich weiß weder, ob es zum Beispiel eine Dauerfrostperiode gibt, mehrere Perioden mit Dauerfrost gibt und dann massives Tauwetter, oder ob all die Wintermonate ein bisschen zu warm werden ohne Dauerfrost. Auf den Niederschlag will ich gar nicht erst eingehen, weil der sowieso in den seltensten Fällen für eine Region richtig prognostiziert wird, geschweige denn für den gesamten Alpenraum.

Bei der längerfristigen Vorhersage ist die Temperatur jener Parameter, der leichter vorherzusagen ist.
Beim Niederschlag gestaltet sich das Ganze schon schwieriger, vor allem je länger die Prognose in die Zukunft geht.

Der Niederschlag ist schon bei so mancher Wetterlage für die nahe Zukunft ziemlich schwierig vorherzusagen (zum Beispiel bei einem sonnigen Sommertag mit möglicher lokal begrenzter Gewitterentstehung am Nachmittag).

Bevor wir zur Wetterschicht kommen, der Troposphäre, in der fast alle Wolken vorkommen und in der unser Wetter abläuft, müssen wir aber mal grundsätzlich auf unseren Himmel eingehen, genauer gesagt auf unsere Schutzhülle, die Atmosphäre.

Die Atmosphäre und die „dünne" Wetterschicht

Unser Wetter (Regen, Schnee, Gewitter etc.) spielt sich größtenteils in der untersten Atmosphärenschicht ab. In der Troposphäre, die nach oben hin abgegrenzt wird durch die Tropopause. Natürlich kann es vorkommen, dass die Tropopause von einem kräftigen Aufwind (zusammen mit viel Feuchtigkeit bzw. Niederschlagsteilchen) „durchbrochen" wird und weiter in die Stratosphäre gelangt. Allerdings macht die relevante Wetterschicht nur einen Bruchteil der gesamten Atmosphäre aus, sie ist vergleichsweise ziemlich dünn.

In der folgenden Abbildung könnt ihr sehen, wie unsere Atmosphäre aufgebaut ist, in welcher Höhe das Polarlicht zu sehen ist (ja, bei einer sehr aktiven Sonne, wie 2023 und 2024, ist sogar bei uns im Alpenraum mal ein Polarlicht zu sehen), und wie klein der wetterrelevante Anteil der Atmosphäre ist (mit den Wolken und dem Niederschlag). Er macht gerade mal die ersten Kilometer aus. Vergleichbar ist die Atmosphärenhülle mit der Gummihaut eines Luftballons, der die Luft (in diesem Fall unsere Erde) umgibt. Dass die Atmosphäre aus mehreren Schichten besteht, weiß man noch nicht so lange. Früher ist man davon ausgegangen, dass die Temperatur mit der Höhe einfach nur abnimmt, also dass es nach oben hin kälter wird.

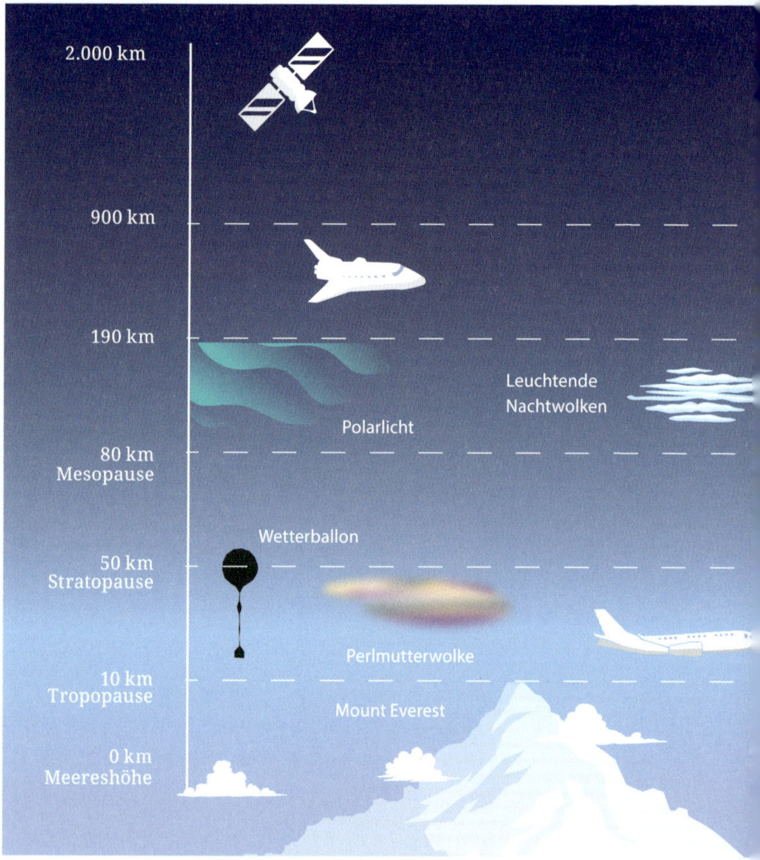

Aufbau der Atmosphäre. Links die Höhe in Kilometern, unten rechts die Temperaturskala mit darüberliegendem Temperaturverlauf in den unterschiedlichen Atmosphärenschichten. Die Ionosphäre erstreckt sich über die Mesosphäre, Thermosphäre und Exosphäre. Quelle: „Brockhaus - Wetter und Klima“ FAB

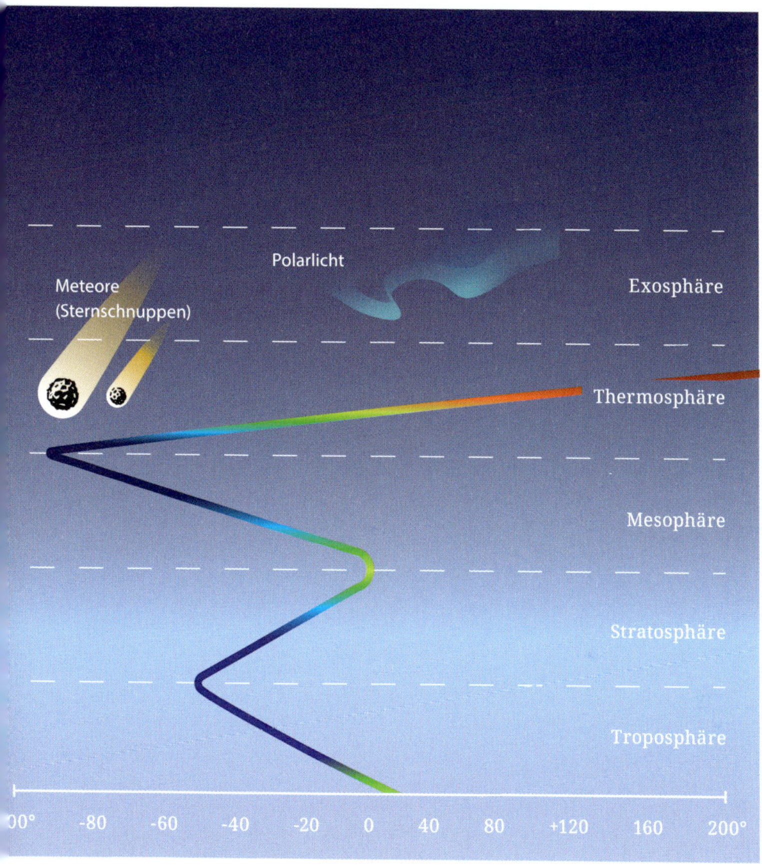

Allerdings haben im 19. Jahrhundert Heißluftballonfahrer festgestellt, dass dem nicht so ist, sondern dass es plötzlich nach etwa 10 km Höhe wärmer wird. Somit beginnt hier ein neues Atmosphären-Stockwerk. In den darauffolgenden Jahren wurden vier weitere Stockwerke entdeckt.

Die Atmosphäre setzt sich zusammen aus: 78,08 % Stickstoff, 20,95 % Sauerstoff, 0,94 % Argon, 0,0371 % Kohlendioxid. Dazu kommen noch in geringeren Konzentrationen: Neon, Helium, Methan, Krypton, Wasserstoff, Distickstoffoxid, Ozon (stratosphärisches und troposphärisches), Kohlenmonoxid, Xenon, FCKWs, Stickoxide und

Radon sowie in Spuren: Fluor, Jod, Schwefeldioxid, Ammoniak und Wasserstoffperoxid.

Ich nehm dich hier jetzt mit auf die Reise, von oben herab in die Atmosphäre bis zum Erdboden.

Die Ionosphäre beginnt in einer Höhe von 2000 km und reicht hin zur Erde bis auf eine Höhe von 60–70 km. Sie deckt den gesamten Bereich (mehrere Stockwerke) ab, in denen sich Ionisierungsvorgänge abspielen, hervorgerufen etwa durch die Sonneneinstrahlung und durch andere Faktoren, wie beispielsweise das Magnetfeld der Erde, elektrische Felder und Gezeitenkräfte. Alles zusammen erzeugt Bewegungsmuster, in denen die Ionisierung global ziemlich unterschiedlich verteilt ist.

Die Schichten, in denen Ionen und Elektronen konzentriert sind, hat man sich zunutze gemacht und Kurzwellensendungen über hunderte bis tausende von Kilometern übertragen, da die kurzwelligen Radiowellen an diesen Schichten reflektieren. Heutzutage wird dieser Nutzen aber wieder geringer, weil die Nachrichtensatelliten ein viel besseres und störungsfreieres Signal garantieren.

Polarlichter entstehen in der Ionosphäre, etwa zwischen 70 und 1000 km Höhe, wobei die meisten davon in einer Höhe von 100 km „herumgeistern“. Sie entstehen durch Sonnenwind, elektrisch geladene Teilchen (Elektronen und Protonen), die ins Erdmagnetfeld eindringen und gegen Atome und Moleküle in der Ionosphäre stoßen, diese ionisieren und zum Leuchten bringen. Manchmal sind Polarlichter (bei starken Sonnenstürmen) auch in Mittelmeerregionen zu sehen.

2023/2024 ist die Sonne ziemlich aktiv, weshalb man auch in Deutschland, in der Schweiz, Österreich und Südtirol Nordlichter beobachten konnte, etwa am 25. November 2023 um 4:00 Uhr in der Früh (leichte, rot-grüne Schleier in Richtung Norden über Deutschland).

Noch intensiver waren die Nordlichter am Abend des 5. November 2023, um 18:20 Uhr, etwa über den Lienzer Dolomiten, über den Hohen Tauern und über dem Wallackhaus in der Heiligenblutregion. Ein intensives Pink bis grelles Rot hat viele verschneite Berghänge für einige Minuten erleuchtet.

Die Exosphäre (auch Dissipationssphäre) ist die äußere Schicht

Nordlichter am Zettersfeld bei Lienz, am 5.11.2023, 18:20 Uhr. Ungewöhnlich intensiv erstrahlt der Himmel in einem Rot, Rosa und Purpur.
Foto www.foto-webcam.eu

unserer Atmosphäre. Hier ist die Anziehungskraft der Erde ziemlich schwach, und somit kann es schon mal vorkommen, dass ungeladene Partikel in den Weltraum ziehen. Elektrisch geladene Teilchen werden vom Magnetfeld der Erde festgehalten.

Die Thermosphäre ist gekennzeichnet durch einen raschen Temperaturanstieg von 80 km Höhe in der Mesopause (Temperatur um –85 °C) hin zu 150 km (über +1400 °C). In ihr verkehren Space Shuttles oder die Internationale Raumstation ISS (durchschnittliche Höhe der Umlaufbahn liegt bei 400 km). Die energiereiche Strahlung der Sonne spaltet die Luftmoleküle in Ionen und Elektronen auf.

Die Thermosphäre ist nach unten hin abgetrennt durch die Mesopause. Hier, in etwa 80 km Höhe, befindet sich ein Temperaturminimum (bis zu –90 °C). Nun gelangen wir in die Mesosphäre. Hier entstehen ab und zu mal leuchtende Nachtwolken.

In Richtung 50 km Höhe liegt die Stratopause. Es erfolgt wieder ein Temperaturanstieg bis hin zu +4 °C. Unterhalb der Stratopause liegt die Stratosphäre, die zuletzt 2012 in aller Munde war. Damals ist Felix Baumgartner aus einer Höhe von knapp 39 km gesprungen.

Er hat am Weg nach unten die Schallmauer durchbrochen und eine Geschwindigkeit von 1342,8 km/h erreicht.

Auch Wetterballons, die wichtige Wetterdaten beim Aufstieg aufzeichnen, steigen in diese Schicht auf. Erreicht der Wetterballon eine Höhe von etwa 35 km, platzt er, und die Messinstrumente fliegen mit einem Fallschirm auf die Erde. Die Temperatur liegt am oberen Rand der Stratosphäre bei etwa +4 °C (bis hin zu +10 °C) und sinkt in Richtung Erde ab, erreicht am unteren Rand der Stratosphäre ein Minimum von –55 °C. Es handelt sich also um eine Temperaturinversion (oben wärmer als unten), und dies macht diese Schicht stabil und ziemlich ruhig im Vergleich zur turbulenteren Troposphäre.

Grund für die höheren Temperaturen ist die Absorption der energiereichen ultravioletten Strahlung (UV-Strahlung) durch die Ozonschicht. In der mittleren und oberen Stratosphäre befindet sich die Ozonschicht. 98 % der UV-Strahlung werden absorbiert, und das ist gut so für Mensch, Tier und Pflanzen. Ozon, Wasserdampf und Methan sind in der Stratosphäre enthalten und zum Großteil verantwortlich für unser Klima auf der Erde (nicht zu heiß, nicht zu kalt, schön gemäßigt).

In der Polregion kühlt die Stratosphäre nachts auf –65 °C bis nahe –90 °C ab und erwärmt sich im Sommer (Mitternachtssonne) auf ungefähr –40 °C. Im Vergleich zur Stratosphäre über den Tropen ist dies eine beachtliche Schwankung. Durch die Temperaturschwankung dreht die Windrichtung oberhalb von 20 km Höhe während der warmen Sommermonate von West auf Ost. In der Stratosphäre kommen kaum Wolken vor, außer Perlmuttwolken (vgl. S. 139) in etwa 25 bis 30 km Höhe.

Nach unten hin treten wir von der Stratosphäre in die Tropopause ein. Am Pol hat die Tropopause eine Höhe von 8 km, die Temperaturen liegen im Winter bei –65 °C und im Sommer bei –40 °C. In den Tropen wiederum befindet sich die Tropopause in einer Höhe von 17 km und weist eine Temperatur von –80 bis –75 °C auf. Darunter befindet sich unsere Wetterschicht, die Troposphäre. Hier nimmt die Temperatur nach unten hin zu und erreicht das Niveau, das wir kennen.

Starten wir im Flachland oder im Tal und gehen den Berg nach oben, dann nimmt die Temperatur im Mittel alle 100 m um 0,65 °C ab. Anders gesagt, pro Kilometer Aufstieg geht die Temperatur um 6,5 °C zurück.

In der Troposphäre gibt es eine starke vertikale und horizontale Durchmischung der Luft, der Wind kann hohe Geschwindigkeiten erreichen. Im Zusammenhang mit dem Wind und dem relativ hohen Anteil an Wasserdampf entstehen Wolken und Niederschläge.

Für uns ist größtenteils nur die unterste Schicht, die Troposphäre, interessant, da etwa 99 % des Wetters in den untersten 10 km stattfinden.

Mit Wolken Wetter vorhersagen

Wolken kommen in vielen Formen vor, bestehen aus unterschiedlichen Elementen und verändern sich räumlich und zeitlich. Dabei weisen manchmal Strukturen und Veränderungen einer Wolke auf das Wettergeschehen der nächsten Stunden oder sogar Tage hin. Somit kann jeder, der ein bisschen den Himmel aufmerksam beobachtet, auch das Wetter deuten. In diesem Abschnitt zeige ich dir, welche Wolken welches Wetter der kommenden Stunden verraten.

Cumulus

Die Cumulus-Wolke (Haufenwolke) ist für mich die Wolke schlechthin. Sie kommt nahezu in fast allen Regionen der Erde vor. Bleibt sie klein und flach, ist sie das Markenzeichen für „Schönwetter" (sonniges, stabiles Wetter). Wächst sie bereits in den Morgenstunden rasant oder erst zum Sonnenuntergang hin, dann ist dies häufig ein Anzeichen für eine Wetteränderung.

Wir unterscheiden bei den Cumulus-Wolken drei Stadien: das Anfangsstadium (Kondensation, Aufwind, Bildung), das Mittel- oder hinausschießende Stadium (wächst nicht oder wächst weiter) und das Endstadium (Niederschlag, Abwind, Zusammenfall).

An einem sonnigen Morgen wärmt die Sonne den Boden, es entsteht allmählich ein leichter Wind. Über den Berghängen zieht der Wind nach oben, und über den Berggipfeln bilden sich kleine Wölkchen, die nach oben hin ein bisschen wachsen.

Ähnliches gilt für größere Städte und auch für hügelige Regionen: Irgendwann entsteht aus einer leicht dunstigen Schicht in der Höhe eine kleine Wolke, die nach unten hin horizontal nahezu scharf abgegrenzt ist und nach oben hin kleine Ausbuchtungen oder kleine Berge aufweist. Darin befinden sich kleine Aufwindbereiche, die das kondensierte Wasser nach oben bewegen. Damit ist die Cumulus humilis geboren, eine flache Haufenwolke. Sie gilt als die typische Schönwetterwolke.

Jetzt kann es sein, dass sich diese kleine Haufenwolke noch etwas ausbreitet und vertikal ein bisschen in die Höhe wächst. Dann ist es eine mittelgroße Haufenwolke, eine Cumulus mediocris.

Bleiben Cumulus-Wolken klein bis mittelgroß und wachsen nicht mehr weiter bzw. zerfallen immer wieder, dann bleibt das Wetter beständig, auch am Folgetag wird sich beim Wetter kaum was ändern. Es bleibt sonnig.

Wächst die mittelgroße Haufenwolke plötzlich weiter nach oben, wird die Cumulus mediocris zu einer Cumulus congestus, einer großen Haufenwolke. Die Atmosphäre ist sozusagen labil geschichtet. Cumulus congestus können schon mal einen Regenschauer fallen lassen, es kann tröpfeln, und je nach Luftmasse können dies ganz große Regentropfen sein oder eher kleine.

Wächst die große Haufenwolke noch weiter an, also durch einen Aufwindkanal (oder mehrere), dann sammelt sie immer mehr an Feuchtigkeit, in Form von Wasser, Eiskristallen, Eiskörnern, und zerfranst am oberen Teil. Es kann dann schon mal vorkommen, dass sie gegen die Tropopause stößt und sich dort ausbreitet. Ein Amboss bildet sich, eine unter Umständen gefährliche Gewitterwolke.

Vereist der obere Teil einer Gewitterwolke (wird er faserig), dann beginnt die Wolke „abzuregnen". Durch nach unten fallende

Niederschlagspartikel setzt in der Wolke Fallwind ein. Du kannst bald damit rechnen, dass es unterhalb der Gewitterwolke zu schütten oder vielleicht sogar zu hageln beginnt. Manchmal frischt dann auch der Wind stark auf, und es gibt Sturmböen oder Orkanböen.

Vereist (zerfranst) der obere Teil einer großen Haufenwolke oder einer Gewitterwolke, dann beginnt die Wolke abzuregnen.

Cumulonimbus (Gewitterwolke)

Wenn die Cumulus congestus weiterwächst, entsteht irgendwann ein Cumulonimbus, eine Gewitterwolke, die sich über viele Kilometer erstrecken kann. Bei uns erreichen Gewittertürme eine vertikale Erstreckung von meist 7–11 km, in manchen Fällen im Sommer, bei einer sehr warmen bis heißen Luftmasse auch mehr. Die Gewitterwolke kommt weltweit vor, außer am Nord- und Südpol.

Der obere Teil der Wolke besteht vor allem aus Eiskristallen, der untere Teil hauptsächlich aus Wasser. In der Wolke steigen und fallen große Regentropfen, Eiskörner, Frostgraupeln, Reifgraupeln, Hagelkörner und sogar Schneeflocken. Sie stoßen zusammen, teilen sich, splittern usw., es gibt ein ziemliches Chaos. Das kannst du dir vorstellen, wie in einer Waschmaschine mit unterschiedlich schweren Kleidungsstücken, da wird so einiges hin und her geworfen.

Der Niederschlag kann manchmal in Streifen aus der Wolke fallen (praecipitatio, wenn diese den Boden erreichen, und virga, wenn sie den Boden nicht erreichen).

Der Cumulonimbus calvus (blumenkohlartiges Aussehen) ist die Übergangsform von einer großen Haufenwolke zur Ambosswolke, der Cumulonimbus incus.

Die Unterseite der Wolke ist dunkelgrau, erscheint im Sonnenlicht des Beobachters manchmal auch richtig schwarz. Im Inneren der Gewitterwolke kann der Aufwind Geschwindigkeiten von über 100 km/h erreichen und sogar mal die untere Tropopause durchbrechen. Horizontal können sie 20–50 km breit sein, im oberen Teil, an der Tropopause, wo der Amboss auseinanderläuft, auch deutlich mehr, bis über 150 km.

Links: Graupelgewitter samt Schneefall zieht am 31.3.2020 von Tulln über Wien in Richtung Baden. Rechts: Die Schauer ziehen ab, zu erkennen ist die Cumulonimbus mit praecipitatio und mamma, dahinter wird es rasch sonnig, bevor der nächste Schauer aufzieht – typisches Aprilwetter.

Im Zusammenhang mit Gewittern hat die Mutter meines Vaters ihm einen Spruch weitergegeben, und wie ich festgestellt habe, stimmt diese Wetterregel ziemlich oft.

Wie das erste Gewitter zieht,
man die anderen folgen sieht.

Wahrscheinlich beruht diese Regel darauf, dass sich die Großwetterlage in Europa über den Sommer mehr oder weniger „eingestellt" hat. Die Position der großräumigen Tiefs am Atlantik oder der Hochs über dem Mittelmeerraum entscheidet im Wesentlichen, welche Höhenströmung dominant sein wird. Natürlich zieht mal wieder ein Tief weiter südlich durch, das diese Theorie bricht, aber im Allgemeinen trifft sie zu. Wenn über dem Eisacktal die ersten Gewitter durch eine eher zonale Strömung, also eine westliche Strömung, von den Meraner Bergen über die Sarntaler Alpen weiter in die Dolomiten ziehen, dann ist es auch die Wochen danach mit hoher Wahrscheinlichkeit so, dass die Gewitter von West nach Ost über die Alpen wandern. Dabei können sie sich übrigens noch verstärken. Wie im Sommer 2023, wo mehrmals heftige Gewitter von West nach Ost, also von Osttirol ausgehend über Oberkärnten sich verstärkend nach Unterkärnten gezogen sind und dabei fast durchgehend in einer Schneise heftigen Hagelschlag brachten.

Erscheinungen im Zusammenhang mit Cumulonimbuswolken

Um ein Gewitter herum kann der Wind stark böig auffrischen, entweder in die Wolken hinein (Zustrom der Luft durch die Sogwirkung unter der Gewitterwolke, wo der Aufwindschlauch liegt). Manchmal erreicht der Wind Sturmstärke oder sogar Orkanstärke, etwa in den sogenannten Downbursts, den Fallwindböen durch die kalte Niederschlagsluft aus einer Gewitterwolke. Dies geschah im Sommer 2023 in einigen Regionen.

Ich greife jetzt die Stadt Salzburg heraus:

Am 12. August 2023 entstanden nach einem schwülheißen Nachmittag (von Westen her kommend) in einer Linie von Haag in Oberbayern über Wasserburg am Inn über Bad Endorf Cumulus congestus, die am Weg Richtung Innviertel und Flachgau weiter anwuchsen und schon lokale Schauer brachten. Über Traunreuth schlossen sich dann zwei Zellen zusammen und wurden intensiver. Um 17.00 Uhr waren da schon Wolkenbruch und Hagel mit dabei. Die Gewitterlinie hatte zunächst noch eine West/Südwest-Zugrichtung, drehte dann plötzlich auf Nordwest und nahm Kurs auf den Flachgau und die Stadt Salzburg. Traunstein wurde mit heftigen Windböen gestreift – und dann brach das Gewitter über Salzburg herein mit unerwartet mächtigen Windböen, starkem Regen und kleinkörnigem Hagel. Von außen sahen die Wolken wie ein Gewitterpilz aus, unter dem eine Regenwand lag, die am Boden in alle Richtungen auseinanderlief. Falls ihr ein solches Phänomen beobachtet, handelt es sich um ein gefährliches Gewitter, mit dem stürmische bis orkanartige Fallwindböen einhergehen können.

Nach 18 Uhr wurden am Flughafen in Salzburg Fallwindböen von 126 km/h registriert, das ist Orkanstärke. Äste brachen ab, teilweise stürzten Bäume um. Durch Oberleitungsschäden wurde der öffentliche Verkehr behindert. Das Gewitter zog relativ schnell durch,

Links: Wolkenbruch, Hagel und starke Böen über dem Nordwesten Wiens, 13.8.2020. Rechts: Wolkenbruch mit anschließendem Downburst über dem Bozner Flughafen, 3.7.2006

und da bleibt dann kaum Zeit, alles mögliche in Sicherheit zu bringen. Vor allem nicht, wenn das Gewitter über Gebiete zieht, wo es kaum Wetterstationen gibt. Da hilft dann meist nur das geschulte Auge. Daher: Wenn du so eine Gewitterwolke aufziehen siehst, mit geöffneten Schleusen, einer Regenwand, die am Boden noch etwas auseinanderfließt, dann solltest du dich sofort in Sicherheit bringen.

Zieht eine mächtige Gewitterwolke auf mit einer Regenwand, die am Boden auseinanderläuft, dann ist häufig stürmischer Wind die Folge.

Ein ähnliches Beispiel beobachtete und fotografierte ich am 29. August 2019 beim Schwimmen an der Alten Donau in Wien. Über dem Norden Wiens bildete sich eine langgezogene Linie mit Cumulus congestus, eine Haufenwolken-Straße, die immer mächtiger wurde. Die Cumuli liefen nach oben hin auseinander, wuchsen also zum Cumulonimbus heran. Schon bald waren erste Fallstreifen nach unten zu sehen (Niederschlagsstreifen), die die Wolkenbasis verschwimmen ließen. Der große Wolkenhaufen öffnete seine Schleusen. Da sich die Gewitterwolke nur sehr langsam weiterbewegte, konnte man das Schauspiel aus der Ferne längere Zeit gut beobachten.

Auf einmal ließ der Aufwind in der Gewitterwolke nach, sie begann immer mehr von der Mitte heraus abzuregnen, und da ging auch schon eine dichte Regenwand zu Boden, hinter der der Kahlenberg bald nicht mehr zu sehen war. Die Regenwand kam dann immer näher, die Gewitterwolke ließ quasi alles, was sie vorhin an Feuchtigkeit aufgesogen hatte, plötzlich wieder fallen. Ein paar Blitzschläge waren dabei, aber vor allem Wolkenblitze, die im Tageslicht kaum zu sehen waren. Allerdings war ein anhaltendes Donnergrollen zu hören, ein Anzeichen, dass es in der Wolke viele Blitze gab und sie ziemlich viel Energie hatte.

An der Wasseroberfläche der Donau war zu erkennen, dass es relativ windstill war. Erst mit Beginn des Regens setzte dann plötzlich starker bis stürmischer Wind ein. Ziemlich ähnlich dem Gewitter in Salzburg zog die Regenwand mit kleinkörnigem Hagel und mit Böen von 90–100 km/h über die Donau, und nach etwa 15 Minuten war der Spuk schon wieder vorbei. Die Luft war lau, aber nicht mehr drückend schwül. Weiter im Westen und im Süden der Stadt blieb es trocken und war spürbar wärmer.

Ein anderes Anzeichen für starken Wind oder Sturm, häufig auch im Zusammenhang mit einem Gewitter in der Nähe, ist die sogenannte Böenwalze (auch Böenkragen genannt). Sie wird zu der Wolken-Sonderform Arcus gezählt.

Eine Böenwalze entsteht durch kalte Luft, die aus einer Gewitterwolke herabfällt (Hagel-, Graupel- und Wassermassen). Die schwere, sich ausbreitende Kaltluft hebt die wärmere Luft der Umgebung, bringt diese durch Hebung zum Kondensieren, es entstehen Wolkentröpfchen, und der typische Kragen ist zu erkennen.

Die Böenwalze hat eine horizontal verlaufende Achse. Sie sieht aus wie eine langgezogene Straßenwalze, ein bisschen bogenförmig, und zieht unter der Wolkendecke oder den brüchigen Wolken als tiefe Wolkenwalze durch.

Sobald die Böenwalze genau über dich drüberrollt, schaltet sich zeitgleich (fast auf die Minute genau) böiger Wind ein, der ziemlich stark bis stürmisch werden kann. Kältere Luft zieht dabei über die Wiesen und Felder oder auch die Stadt. Dies kann erfolgen bei

Fotos zum Ablauf des Downbursts an der Alten Donau in Wien. Im Bild in der Mitte öffnete die Gewitterwolke ihre Schleusen, später zog starker Regen, kleinkörniger Hagel und stürmischer, ruppiger Wind aus der Wolke über mich drüber. Beim Abzug des Gewitters wehte der Wind dann aus der anderen Richtung, was oft der Fall ist.

einem Gewitter, vor einem Gewitter oder einfach nur nach einem in der Ferne abgestorbenen Gewitter bei Wolkenschollen und blauen Flecken dazwischen.

Die Böenwalze muss also nicht zwangsläufig auf ein aufziehendes Unwetter mit Wolkenbruch, starkem Wind, eventuell auch Hagel oder Sturmböen samt vielen Blitzschlägen hindeuten, allerdings tut sie dies aber ziemlich oft. Solche Böenwalzen können viele Kilometer, wenn nicht sogar mehrere zig Kilometer überleben.

Rollt eine Böenwalze (eine schwarze bis hellgraue Wolkenwalze) auf dich zu, zieht über dich am Himmel durch, dann ist ab diesem Moment mit einer Abkühlung zu rechnen. Viel Regen, starker Wind, auch Sturm- oder Orkanböen samt Hagel sind möglich!

Manchmal zieht eine Böenwalze oder Shelf Cloud (eine tiefe Wolkenwand vor einer Regen- oder Hagelwand) voraus, dahinter können an einer gut ausgeprägten Gewitterwolke alle möglichen Farben auftreten.

Wenn die Regenwand (dahinter Berge, Ortschaften oder Teile einer Stadt nicht mehr zu erkennen) dunkelgrau bis hellgrau ist, dann handelt es sich meist um Wolkenbruch (kaum Hagel oder nur kleinkörniger Hagel).

Links: Imposanter Arcus über Jesolo, 21.7.2023. Hier folgten Wolkenbruch, Sturm und Hagel. Wenn diese Bogenwolke über dir eintrifft, dann frischt der Wind stark bis stürmisch böig auf. Daher wird diese Wolkenformation auch „Böenkragen" genannt oder „Shelf Cloud". Foto Sebastian Mörkl. Rechts: Arcus über Bibione, 22.7.2023. Foto von Gabriele Peer.

Ist die Regenwand, die auf dich zuzieht, eher hellgrau bis weiß, dann ist die Wahrscheinlichkeit groß, dass Hagel mit dabei ist.

Ist die Regenwand, die auf dich zuzieht, grau bis weiß und hat an der tiefen Wolkenkante knapp hinter der Walze oder in der Kante der Shelf Cloud, die in die Gewitterwolke hineingeht, einen grün-blauen Strich, wie ein Messerschnitt (und sind noch weit oberhalb vorher in der Gewitterwolke dunkle Beutelwolken (vgl. S. 125) mit grün-bläulichen Konturen zu sehen), dann ist die Wahrscheinlichkeit groß, dass Hagel dabei ist.

Hat die Gewitterwolke bzw. die Regenwand, die auf dich zuzieht, eine weiß-graue Farbe mit türkisblauem oder grünem Schimmer und sind manche Wolkenbereiche dazwischen etwas blau bis grün, dann ist die Wahrscheinlichkeit für Hagel gegeben.

Hagel kann dabei schon mal enorme Größen erreichen. So war das im Sommer 2023 häufig der Fall. Etwa hat es am 22. Juni in Kärnten, in Köstendorf und Sankt Stefan im Gailtal, Hagelklumpen größer als Golfbälle gegeben, ähnlich in Thörl-Maglern bei Arnoldstein in Kärnten.

Am 12. Juli 2023 gab es an vielen Orten mit Gewittern golfball-

Gewitter über Wien-Floridsdorf. Wolkenbruch, kirschgroßer Hagel. Im rechten Bild (hineingezoomt) der Wolkenbruch samt Hagelwand

große bis tennisballgroße Hagelkörner von Südtirol über Osttirol bis nach Kärnten, etwa Teile des Sarntals, der Villanderer Alm, in Feldthurns, Brixen im Eisacktal oder auch rund um Sirnitz im Bezirk Feldkirchen in Kärnten.

Am 24. Juli 2023 war der Gardasee dran, das Südufer in Desenzano mit fast tennisballgroßen Hagelkörnern.

Ähnlich am 25. August in Knittelfeld und Spielberg in der Steiermark.

Und schließlich am 26. August 2023 in Bayern, im Großraum Bad Tölz, Hagelklumpen fast so groß wie Tennisbälle.

Im Zusammenhang mit Gewitterwolken sieht man auch sogenannte Beutelwolken oder Mammatus-Wolken (lat. mammatus, „mit Brüsten versehen"). Das sind beutelförmige Ausbuchtungen, quasi Quellungen, die aus der Wolke nach unten gerichtet sind – hervorgerufen werden diese durch viele kleine Abwindbereiche in der Wolke. Häufig treten sie im Zusammenhang mit Cumulonimbus auf, manchmal auch bei dichtem Altostratus.

Siehst du Mammatus-Wolken, dann ist häufig ein Gewitter in der Nähe. Es muss aber nicht bedeuten, dass das Gewitter aufzieht, es kann sich auch auflösen. Ebenso siehst du Mammatus in Mitteleuropa häufig nach einem Gewitter am Gewitterschirm der abziehenden Gewitterwolke.

Oben links: Tennisballgroßer Hagel in Gaißach bei Bad Tölz, 26.8.2023. Foto Stephanie Gstraunthaler. Oben rechts: Hagelschaden an Solarzellen in Desenzano vom Hagelunwetter mit tennisball- großem Hagel vom Vortag, dem 25.7.2023. Mitte: Tennisballgroße Eisklumpen vom 12.7.2023 auf der Seebergalm (Villanderer Alm), 12.7.2023. Foto Johanna Mayr. Unten links: Golfball- großer Hagel in Feldthurns im Eisacktal, 12.7.2023. Foto Renate Unterfrauner. Unten rechts: Taubeneigroßer Hagel in Knittelfeld (im steirischen Aichfeld), 5.7.2023. Foto Patrick Eichberger

Blitz und Donner

Wenn ein Blitz aufzuckt, dauert es einige Sekunden, bis es donnert – außer der Blitz schlägt in unmittelbarer Nähe ein, dann knallt es sofort. Der zeitliche Abstand vom Blitz zum Donner kann dir verraten, ob sich die Gewitterwolke nähert oder nicht.

Ein Blitz ist eine elektrische Entladung, im Blitzkanal wird es extrem heiß, von einem auf den anderen Moment heizt sich die Luft auf 40.000 °C auf. Sie dehnt sich explosionsartig aus. Das Licht breitet sich mit 300.000 km/s aus. Der Schall legt 330 m/s zurück, das sind in ungefähr 3 Sekunden ein Kilometer.

Siehst du einen Blitz aufzucken, dann zähl die Sekunden, bis es donnert. Wenn der Donner nach 12 Sekunden einsetzt, dann teile die Sekunden durch 3. Der Blitz war somit 4 Kilometer entfernt. Wenn der Abstand vom Blitz zum Donner kürzer wird, dann kannst du davon ausgehen, dass das Gewitter sich dir nähert.

Blitzt es, zähle die Sekunden, bis es donnert. Dann teile die Sekunden durch 3, und du erhältst die Entfernung des Blitzes in Kilometern.

Es gibt Wolkenblitze, die man immer wieder aufzucken sieht, vor allem wenn nach einem schwül-heißen Tag lokale Gewitter entstanden sind. Diese haben viel Energie, die sich in der Höhe in Form von einer Blitzlichtshow zeigen. Da kann es schon mal vorkommen, dass pro Sekunde die Gewitterwolke einmal aufleuchtet, also extrem viele Wolkenblitze erscheinen. Das alles wird dann von einem Dauergrummeln begleitet.

Sehr hohe Blitzdichte und Blitzrate gab es zum Beispiel in der Nacht vom 12. auf den 13. Juli 2023 mit einem riesigen Gewitterkomplex, der mehrere Stunden anhielt und von Norditalien und Tirol weiter nach Kärnten, Slowenien, Kroatien, über die Süd- und Südoststeiermark und das Südburgenland zog. So kamen zahlreiche Berichte aus Ferlach, Bad Eisenkappel, Sankt Paul im Lavanttal, Graz, Eibiswald oder auch aus Oberfahrenbach in der Südsteiermark bei mir herein. Ein Gewitter, das aufgrund des Donnergrollens oder

Oben links: Explosiver Blitzschlag bei Sauders im Eisacktal, 30.6.2008. Oben rechts: Ein „Crawler" (kriechender Blitz) über Waidbruck, 30.6.2008. Mitte links: Blitzschlag bei Welschnofen aus einer Gewitterwolke heraus und in die Luft nach oben, 8.9.2008. Mitte rechts: Mein erstes gelungenes Blitzfoto über dem Bozner Unterland, Blitschläge bei Aldein und Truden; der 3. Blitz (hinter dem Baum) geht runter nach Terlan, 11.8.2005. Unten: Crawler über Bozen, 27.8.2006.

der hohen Blitzdichte so noch nie vor Ort erlebt wurde, lokal war auch Hagel dabei, wie in der Südsteiermark.

Nimbostratus

Die Cumulonimbuswolke ist eine stockwerkübergreifende Wolkenart, und auch der Nimbostratus zieht sich durch mehrere Stockwerke. Er wird auch Regenschichtwolke genannt. Es ist eine hell- bis dunkelgraue, verschwommene Wolkenschicht ohne großartige Struktur, aus der anhaltender, teils ergiebiger Niederschlag in Form von Regen oder Schnee fällt. Er besteht aus Wassertröpfchen, Schneekristallen und Schneeflocken oder aus einer Mischung von allem. In der Landwirtschaft wartet man sehnlichst auf diese Wolkenart, weil sie häufig den Landregen bringt, einen schön gleichmäßigen, mäßig starken bis starken Regen. Es kommen mit dieser Schicht auch zerfetzte Wolken am unteren Rand der Wolke vor, sogenannte Fractus oder auch Stratocumulus. Manchmal sind aus großer Höhe Streifen zu erkennen, Niederschlagsstreifen, die bis ins Tal oder Flachland fallen.

Wenn du Streifen aus einer Wolke fallen siehst, die parallel angeordnet sind, ein bisschen verwellt oder bogenförmig, aber nicht zum Boden reichen, dann ist das Niederschlag, der verdunstet – es kommt also kein Regen oder Schneefall.

Diese Fallstreifen, die aus der Wolke kommen und sich nach unten hin wieder auflösen, heißen Virga.

Nebel

Nebel ist eigentlich eine Wolke, eine sich am Boden oder knapp darüber entstehende Wolkenschicht. Der Strahlungsnebel entsteht, wenn wir eine feucht-warme Luft haben. Etwa nach einem abendlichen Sommergewitter, dann klart der Himmel über Nacht auf, es ist windstill, und der Boden (Wiesen, Stadtflächen, Straßen) kann stark abkühlen. Der in der Luft enthaltene Wasserdampf beginnt zu kondensieren, es entstehen erste Dunstschleier, und bei passenden Bedingungen dauert es nicht lange, bis Nebel eintritt.

Der Mischungsnebel entsteht durch Mischung feucht-warmer Luft mit kälterer Luft.

Beim Advektionsnebel zieht feucht-warme Luft über eine kältere Fläche, wie über große Seengebiete oder über das Meer und über Küstenabschnitte, und bleibt unter Umständen bei sich kaum verändernder Wetterlage tagelang liegen.

Wenn der Nebel ziemlich dicht ausfällt und wasserreich ist, dann kann auch Nebelnässen die Folge sein. Die vielen Wassertröpfchen schlagen sich an Hindernissen, wie Bäumen, Dächern, Masten, Ampeln etc., nieder. Die vielen kleinen Tropfen wachsen durch weiteres Nässen und rinnen schlussendlich das Hindernis hinab. Somit wird es am Boden immer nasser, als würde es regnen. Nebelnässen (auch Nebeltraufe genannt) ist aber keine Niederschlagsform, sondern zählt neben Tau zum flüssigen Beschlag.

Beim Nebel gibt es einfache Regeln, an denen du dich orientieren kannst. Etwa wenn der Nebel in Form von Fractus (Fetzen) an Berghängen aufsteigt, relativ schnell, häufig auch mehrere Nebelfetzen über einen längeren Zeitraum, dann ist das Wetter noch nicht stabil genug, sondern es deutet auf weiteren Regen oder Schneefall hin. Die Feuchtigkeit, die aufsteigt, lässt später auch wieder neue Wolken entstehen oder gibt bestehenden Wolken weitere Feuchtigkeit, die im Idealfall dann auch wieder abregnet. Bleibt er dagegen konstant in einer Schicht nahe am Berg oder fällt er sogar ab, dann wird die Luft trockener, kältere Luft sickert ein, oder es kommt zum Beispiel im Südalpenraum Nordföhn auf.

Nebel, der sich steigend hält, bringt Regen.
Doch klar Wetter, wenn er fällt.
Sind abends über Wies und Fluss Nebel zu schauen,
wird Petrus anhaltend Schönwetter zusammenbrauen.

Vielleicht hast du dich schon einmal gefragt, was der Unterschied zwischen Nebel und Dunst ist. Dieser Unterschied wird über die Sichtweite definiert. Nebel ist feuchte Luft mit einer Sichtweite von weniger als einem Kilometer, in manchen Fällen sogar weniger als zehn Meter. Da wird dann unterteilt in schwachen Nebel oder dichten Nebel. Bei Bodennebel beträgt die Schichtdicke über dem Boden wenige Meter bis zig Meter. Bodennebel entsteht, wenn es nachts in Bodennähe stark abkühlt, nachdem es beispielsweise im Sommer gewittert bzw. auch sonst mal in den Wintermonaten geregnet oder feucht geschneit hat. Siehst du in der Früh dann Nebel und zeitweise etwas Sonnenschein, dann kannst du davon ausgehen, dass es bald sonnig werden wird. Bodennebel löst sich in der Regel kurz nach Sonnenaufgang auf. Ein weiteres Kennzeichen ist neben dem bisschen Sonnenschein, dass du zeitweise den blauen Himmel sehen kannst (oder dauerhaft durchschimmern).

Bei Dunst liegt die (horizontale) Sichtweite zwischen 1 km und 8 km. Dunst ist eine weiße, graue bis gelbe, manchmal orange Trübung der Luft, hervorgerufen durch Wassertröpfchen und Aerosole (wie Sand, Staub, Meersalz, Rauch, Abgase, Pollen, Algen, Bakterien, Viren, um einige zu nennen). Dunst entsteht durch Kondensation (Tröpfchenbildung) oder Sublimation (Eiskristallbildung) der in der Luft befindlichen Aerosole. Diese sind sogenannte Kondensationskerne oder Sublimationskerne.

Vor allem wenn in Tälern, Becken und größeren Städten kaum Luftaustausch stattfindet, ist manchmal eine scharf abgegrenzte Dunstschicht zu sehen, eine sogenannte Dunstglocke. Die wird dann noch intensiver, wenn es eine Inversionswetterlage gibt, bei der es oben wärmer ist als unten. Vor allem in Beckenlagen ist die Dunstglocke gut zu beobachten, etwa im Schweizer Mittelland, im Inntal rund um Innsbruck und Schwaz, im Bozner bzw. im Lienzer Talkessel, im Klagenfurter, Wiener und Grazer Becken. Aber auch vom Pöstlingberg bei Linz kann man des Öfteren eine Dunstglocke sehen, genauso vom Traunstein aus mit Blick in Richtung Zentralraum Oberösterreich oder vom Gaisberg auf Salzburg oder vom Watzmann auf den Königsee und Berchtesgaden, auch mit Blick vom Pfänder auf den Bodensee und vom Karren auf Dornbirn herab.

Manchmal passiert es aber auch, dass es auf Berggipfelniveau starken Dunst gibt und im Tal die Luft klarer ist. Das deutet auf einen Wetterumschwung hin, mit hoher Wahrscheinlichkeit entstehen im Sommer später größere Quellwolken und in Folge steigt die Gewittergefahr. In den kälteren Monaten folgt dann bald eine Hochnebellage bzw. nähert sich im Anschluss auch eine Front mit Regen oder Schneefall. Daher hab ich hier für dich diese Wetterregeln aufgestellt:

Siehst du die Gipfel in grau-weißem Schleier bei sonnigem Wetter, dann sind die Sonnenstunden gezählt.
Nach sonnigem Wetter plötzlich Gipfel im Dunst, folgen bald Regen, Schnee oder Gewitter.
Wenn sich der Dunst im Tal hebt, folgt bald Wind, und es kommt ein anderes Wetter.

Stratus (lat. ausgebreitet)

Der Stratus ist eine weltweit vorkommende, hellgraue bis dunkelgraue Wolkenschicht, die kaum Konturen aufweist. Das häufigste Auftreten hat der Stratus in Gebirgen und an Küsten. Er entsteht in bodennahen Luftschichten, die sich abkühlen. Die Schichtwolke kommt bis in eine Höhe von 2000 bis 2500 m vor. Stratus liegt oft so tief, dass Türme oder Hochhäuser und Hügel komplett in der Wolke verschwinden. Wenn die Schichtwolke nicht allzu dicht ist, sieht man die Umrisse von Sonne oder Mond klar und scharf (im Gegensatz zum Altostratus) und manchmal mit einem Hof, auch Kranz genannt (vgl. S. 63). Der Stratus besteht aus Wassertröpfchen oder bei tiefen Temperaturen auch aus Eisteilchen. Ab und zu kommt es mal vor, dass es aus dem Hochnebel nieselt oder schnieselt. Manchmal fallen einzelne größere Flocken, wie es ab und zu mal im Raum Innsbruck zu beobachten ist, dann ist aber die Hochnebelobergrenze weiter oben, etwa im Gipfelbereich. Häufiger kommt das aber bei Stratocumulus vor. Bevor sich Stratus durch Verwirbelungen dann auflöst, kann es auch mal passieren, dass es dann kurzzeitig leicht schneit (viele kleine Flocken), wie es in Innsbruck am 11. Jänner 2024 passiert ist: Nicht einmal 100 m über Innsbruck ist in der Nacht sehr flacher Hochnebel eingefallen, auf Höhe Bergisel und Hötting lag die Nebelobergrenze. Darüber war der Himmel wolkenlos. In Innsbruck war es bei Sonnenaufgang grau, viele höher gebaute Häuser steckten im Nebel. Dann ist vom Oberinntal her Westwind aufgekommen, der die Nebelluft ein bisschen aufgewirbelt hat, vorübergehend hat es geschneit, Minuten später hat sich die Sonne durchgesetzt, und der Himmel war wolkenlos.

Vor allem in der kälteren Jahreszeit entsteht Stratus relativ häufig die Gail und Drau entlang in Kärnten, etwa bei Hochdrucklagen im Spätherbst oder Winter, über dem Saalachtal, in den Tälern im Pongau oder über dem Lungau, dem Rheintal, dem Bozner Unterland bzw. typisch und ziemlich häufig gibt es auch Hochnebel über dem Mürztal. Er kann sich unter Umständen auch mal tagelang über den Tälern halten. Stratus stellt manchmal eine Gefahr für den Luftverkehr dar, etwa bei Start und Landung.

Während es sich im oder unter dem Hochnebel kalt und feucht anfühlt, ist es über dem Nebel häufig sonnig oder nur dünn bewölkt. Dort erscheint dann ein mit Cirrus oder Cirrostratus (vg. S. 136f) bedeckter Himmel, und die Temperatur fühlt sich angenehm mild an. Stratus ist also häufig bei sogenannten Inversionswetterlagen zu beobachten, er trennt quasi die wärmere Luft der Berge von der kälteren Luft der Täler und Becken. Es herrschen also umgekehrte Temperaturverhältnisse. Dabei ist es direkt über der Hochnebelobergrenze am wärmsten, weiter oben nimmt die Temperatur mit der Höhe dann langsam wieder ab. Nur in seltenen Fällen können sich oberhalb des Hochnebels sogar mehrere Schichten mit warmer Luft halten.

Stratocumulus

Der Stratocumulus kommt weltweit vor, meist in einer Schicht zwischen 600 und 3000 m. Das Aussehen ähnelt vielen Bällchen bis hin zu Schollen oder kleineren bis größeren Walzen, die häufig zerfetzte Ränder haben, aber nicht fasern (wie Virga, wo Eiskristalle und Wassertröpfchen herausfallen). Stratocumulus bedeckt manchmal den gesamten Himmel, mit Lücken dazwischen, die eine bienenwabenartige Struktur annehmen können. Das Muster entsteht durch viele kleine Aufwindschläuche unterhalb einer stabileren Schicht, wo die Energie nicht reicht, diese zu durchbrechen. In den Stratocumuli sind nicht nur Wassertröpfchen enthalten, es können auch mal richtige Regentropfen, Reifgraupeln, Schneekristalle oder sogar Schneeflocken sein. Vereinzelt fällt mal ein Regentropfen oder eine Schneeflocke heraus, aber garantiert kein richtiger Regen oder Schneefall.

Stratocumulus sind eher Vorboten einer vorübergehenden Wetterbesserung.

Altostratus

Diese Wolkenart des mittleren Wolkenstockwerks kommt weltweit vor, am häufigsten in den mittleren Breiten der Erde, wie beispielsweise bei uns in Mitteleuropa. Altostratus hat eine graue bis bläuliche Farbe und bedeckt den Himmel ganz oder teilweise. Häufig sind Sonne und Mond schwach zu sehen, allerdings scheinen sie fahl bzw. schimmern ein wenig durch den Altostratus hindurch. Wird der Altostratus dichter, bis Sonne oder Mond gar nicht mehr zu sehen sind, zieht eine Front auf, und mit hoher Wahrscheinlichkeit wird es bald regnen oder schneien, was auch häufig an sich eintrübenden Bergspitzen zu erkennen ist. Halo-Erscheinungen um die Sonne, Nebensonne etc., treten nicht zusammen mit Altostratus auf (sondern bei Cirrostatus, Cirrus).

Altostratus kann sich tausende Kilometer weit erstrecken und entsteht häufig an Luftmassengrenzen. Die feuchtwarme Luft gleitet auf kältere Luft auf.

Siehst du Altostratus die Sonne langsam eintrüben und bald verdecken, dann rechne in 6 bis 12 Stunden mit länger anhaltendem Regen oder Schneefall.

Altocumulus

Altocumulus kommt weltweit vor, meist in einer Höhe von 3000 bis 7000 m. Diese Wolkengattung des mittleren Stockwerks erscheint häufig in groben, schäfchenartigen Formationen (Ballen, Schuppen, Walzen). Er bildet sich dann, wenn feucht-warme Luft auf eine kältere Luftmasse aufgleitet. Altocumulus besteht aus Wassertröpfchen. Bei sehr niedrigen Temperaturen können auch Eiskristalle entstehen. In seltenen Fällen kann es mal tröpfeln oder einzelne Flocken geben. Die groben Schäfchenwolken eignen sich kaum für die Wettervorhersage.

Wenn Altocumulus zum Beispiel im Sommer in der Früh Türmchen und Zinnen am Oberrand ausbildet, also Quellungen aufweist, dann ist mit hoher Wahrscheinlichkeit später am Tag mit gewitteranfälligem Wetter zu rechnen. Die Quellungen sind ein Anzeichen für Labilität, d. h. ein Luftpaket steigt leicht weit nach oben und kann mächtige Gewitterwolken produzieren. In diesem Zusammenhang gibt es auch die folgende Wetterregel, wobei sich diese nicht auf jede kleine Wolke bezieht, sondern eben auf die zinnenförmigen Altocumuli.

Eine kleine Wolke am Morgen bringt oft ein großes Abendgewitter.

Weltweit auch sehr häufig zu sehen, vor allem im Zusammenhang mit Gebirgen, sind linsen-, fisch- oder ufoähnliche Altocumulus-Wolken. In den Alpen sind diese Wolken ein Anzeichen für Föhn. Wellenbewegungen der Luftströmung über einen Berg oder eine Gebirgsgruppe lassen sie entstehen und sich auch wieder auflösen. Wenn du so eine Wolke am Himmel siehst, dann hat sie je nach Region auch eine prognostische Relevanz. So kann man sich zum Beispiel in Südtirol, von Unterinn am Ritten, von Bozen, von Feldthurns oder Völs aus gesehen, folgenden Spruch merken. Ähnliches gilt auch zum Beispiel für die Schleinitz in der Schobergruppe, die von Lienz aus zu sehen ist, oder für das Kaisergebirge zwischen Kufstein und St. Johann in Tirol. Auch in Oberösterreich verwendet man diesen Spruch mit dem Traunstein über dem Traunsee.

Hat der Schlern an Huat, so werd's Wetter guat. Hat der Schlern an Sabel (Säbel), so wird's Wetter miserabel.
Hat die Schleinitz an Huat, werd's Wetter guat. Hat die Schleinitz an Sabel, so werd's Wetter miserabel.
Hat der Kaiser an Huat, dann werd's Wetter, guat. Hat der Kaiser an Sabel, so werd's Wetter miserabel.
Hat der Traunstein einen Hut, wird das Wetter gut. Hat der Traunstein einen Sabel, wird das Wetter miserabel.

Der Schlern ist ein Berg in den Südtiroler Dolomiten, neben dem Rosengarten, der auch die Bergkulisse der Landeshauptstadt Bozen prägt. Der Hut erscheint als eine linsenförmige Wolke, die auf föhniges Wetter schließen lässt. Sofern keine sich verdichtenden Cirrostratus und Altostratus aufziehen, bleibt das Wetter am Folgetag gut. Sind allerdings langgezogene, nebelartige Wolken um den Berg zu sehen, die eventuell noch den Berg hinaufziehen und dazu auch Quellungen ausbilden, dann ist im Sommer häufig mit einer Wetterverschlechterung zu rechnen. Ist es allerdings eine Nebelbank, die sich nicht großartig weiterentwickelt, dann muss dies nicht auf schlechtes Wetter hindeuten.

Wenn wellenförmig angeordnete Altocumulus-Wolken zu sehen sind, Altocumulus undulatus, gibt es in der Höhe, wo die Wolken entstehen, unterschiedlich starke Windgeschwindigkeiten und -richtungen. Zudem ist die Luftfeuchtigkeit hier erhöht. Sie treten vorlaufend an einer Schlechtwetterzone auf.

Ähnlich ist es bei Altocumulus radiatus (die mit Strahlen versehenen mittelhohen Haufenwolken). Sie weisen breite, parallel angeordnete Bänder auf, die am Horizont strahlenförmig zusammenlaufen.

Altocumulus undulatus und Altocumulus radiatus kündigen häufig eine aufziehende Front an, ein Wolkenband mit Niederschlag und manchmal auch mit Gewittern. Die Wetterverschlechterung folgt in 12 bis 24 Stunden.

Auch die Entstehung einer Korona um die Sonne oder eines Hofes um den Mond und irisierender Altocumulus-Teile ist nicht selten. Manchmal, wenn Eiskristalle aus diesen Wolken fallen, können Nebensonnen oder Lichtsäulen entstehen.

Cirrus

Die Cirrus-Wolke kommt weltweit vor, einzeln, in zarten Fäden oder Büscheln. Es sind reine Eiswolken. Sie werden auch Federwolken genannt. Morgens (bevor die Sonne aufgeht) und abends (nachdem die Sonne untergegangen ist) leuchten Federwolken gelb, rosa und rot und zeigen sanftes Morgen- oder Abendrot an.

Sind über den Tag verteilt nur einzelne Büschel zu sehen, dann bleibt das Wetter am nächsten Tag oder die nächsten Tage sonnig. Verdichten sich die Federwolken und sehen strahlenförmig aus (Cirrus radiatus), bzw. sind zopfartig verflochtene Federwolken (Cirrus intortus) zu erkennen, dann ändert sich das Wetter in den kommenden 1 bis 2 Tagen.
Wenn am blauen Himmel hakenförmige Federwolken von West/Südwest aufziehen, dann ist auch in spätestens 48 Stunden mit einer Wetterumstellung zu rechnen.

Häufig ist im Sommer Cirrus nach abziehenden Gewittern am Himmel zu erkennen. Diese Federwolken stammen aus den Gewitterambossen, also Eiskristallbereichen, die durch den heftigen Wind in der Höhe vom Amboss abgetrennt worden sind. Nicht selten sieht man im Gewitterendstadium den Amboss, der am Schluss übrig bleibt und vom Wind zerrissen wird.

Cirrostratus

Ein weißlicher Wolkenschleier, der das Sonnenlicht noch ziemlich gut durchlässt und die Sonne kaum eintrübt, ist der Cirrostratus. Er besteht hauptsächlich aus Eiskristallen, entsteht durch langsame Hebung in höhere Schichten und kommt weltweit vor. Häufig sind auch Streifenmuster im Schleier zu erkennen. Im Unterschied zum Cirrus bedeckt der Cirrostratus große Himmelsflächen in horizontaler Ausrichtung. Hier sind häufig Halos (inklusive Nebensonnen) zu beobachten.

Der Cirrostratus hat kaum Wetterrelevanz, sehr wohl jedoch der Cirrostratus nebulosus (ein konturloser Schleier, der den ganzen Himmel bedeckt).

Siehst du Cirrostratus nebulosus (mit einer Halo-Erscheinung), dann trifft in 8 bis 24 Stunden eine Front ein.

Cirrocumulus

Im Gegensatz zum Cirrostratus sind es hier sehr kleine und dünne Ballen, Flocken, Schichten, die verwachsen sein können oder isoliert vorkommen. Sie sind auch wieder überall auf der Welt zu sehen. Manchmal erscheinen sie linsen- oder mandelförmig, sogar Mamma-Strukturen können auftreten. Cirrocumulus sind wie Cirren und Cirrostratus Wolken des oberen Stockwerks, auf über 7000 m Höhe. Zusammen mit Cirrocumulus sind Korona und Hof und Irisieren möglich. Und auch hier gilt:

Wenn Cirrocumulus-Felder wellenförmig aus westlicher Richtung aufziehen, dann ist in 1–2 Tagen mit einer Wetterumstellung zu rechnen.

Kondensstreifen

Sind durch den Menschen gemachte „Wolken“, etwa Cirrus Homomutatus.

Flugzeuge verbrennen Kerosin, es werden Aerosolteilchen, also Rußpartikel, ausgestoßen, dazu Wasser, das bei der Geschwindigkeit quasi zerstäubt.

Dann sind noch der Anteil der Aerosole und die Luftfeuchtigkeit der Flughöhe wichtig sowie die Temperatur der Abgase und der Luftdruck. All das entscheidet dann, ob Kondensstreifen entstehen, ob sie sich gleich hinter den Triebwerken wieder auflösen, ob die Kondensstreifen langsam breiter werden und eventuell anschließend noch Cirrus ausbilden.

Der Wasserdampf kondensiert bzw. entstehen sofort auch Eisteilchen in der häufig –20 bis –40 °C kalten Umgebungsluft. Manchmal ist diese noch kälter. Bei nicht allzu kalter Umgebungsluft und geringer Feuchtigkeit verschwinden die Kondensstreifen bald oder entstehen gar nicht, man sieht vom Boden aus nur das Flugzeug vorüberfliegen. Wenn es aber in der Höhe des Flugzeugs kalt genug ist, dann können die Kondensstreifen sich ziemlich lange, über viele Stunden, halten. Zudem können sich dann Eiskristalle bilden, und unter Umständen können diese noch wachsen. Wenn die Bedingungen passen und der Wind mitspielt, breiten sich diese Kondensstreifen aus und werden zu Wolken, die also unwillkürlich künstlich erzeugt worden sind.

Falls die Streifen weit auseinanderlaufen, sich eher noch verdichten und daraus Federwolken entstehen mit baldigem Aufzug von Cirrostratus, dann ist mit einer baldigen Wetterverschlechterung zu rechnen. Häufig ist dann bei Cirrostratus auch ein Haloring um die Sonne zu sehen.

Orografische Wolke

Das sind Wolken, die an Gebirgen, etwa durch Hebung der Luft, entstehen. Berg- und Hangnebel bilden sich durch Kondensation. Dabei kann manchmal auch die Hebung so stark und schnell vor sich gehen, etwa beim Übersteigen der Gebirgsgruppen in den Südalpen, dass einzelne Gewitter entstehen. Wir Meteorologen sprechen dann im Wetterbericht bei Fronten, die zum Beispiel mit Regen von der Adria her aufziehen und durch schnelle Hebung der Luft an den Südalpen noch einzelne Gewitter produzieren, von sogenannten eingelagerten Gewittern.

Zu den orografischen Wolken zählen Cumulus, die z. B. an den Berghängen entstehen und Gipfel einhüllen, oder Gewitterwolken, etwa in Indien während der Monsunzeit, oder – am häufigsten – langgezogene, tief liegende Schichtwolken, die mit der überströmenden Luft, ähnlich wie bei einem Stein im Bach, Fließmuster erkennen lassen.

Jetzt noch zu zwei speziellen Wolken, die außerhalb der Troposphäre (d. h. unserer Wetterschicht) entstehen:

Perlmuttwolken (Polare Stratosphärenwolken)

Perlmuttwolken entstehen wie irisierende Wolken. Sie sind dünn und besonders hell und leuchten kräftig in allen Farben. Von den irisierenden Wolken unterscheiden sie sich durch die Höhe. Sie entstehen in 15–30 km Höhe (manchmal auch tiefer), also in der Stratosphäre und größtenteils in polaren Gebieten. Wenn sich in dieser Höhe eisige Luft in die gemäßigten Breiten aufmacht, wie beispielsweise nach Mitteleuropa, können sie sich auch weiter südlich bilden. Diese Wolken bestehen größtenteils aus Eiskristallen und wenigen Tröpfchen,

Wunderschöne orografische Wolken über dem Rittner Horn, der Barbianer und Villanderer Alm, von der Stöffel-Hütte aus aufgenommen. Im linken Bild ist darüber Cirrostratus mit einer Nebensonne zu erkennen. 29.12.2023. Fotos Margareth Schwingshackl

an denen das Sonnenlicht gebrochen und in alle Farben zerlegt wird. Da der Wasserdampfgehalt in dieser Atmosphärenschicht sehr gering ist, entstehen die Eiskristalle nicht aus Wassertröpfchen, sondern aus Salpetersäure und Schwefelsäure. Zudem finden beispielsweise chemische Reaktionen wie Ozonabbau statt. Sie sind nur schwer von den irisierenden Wolken auseinanderzuhalten, wobei sie in den allermeisten Fällen als bunte, (wie Perlmutt) in allen Farben schillernde, dünne Wolkenschichten auftreten.

Hier möchte ich ein Beispiel vom stürmischen 5. Februar 2024 bringen. Während ich noch an diesem Buch schrieb, schaute ich aus dem Fenster und sah genau die Wolken vom Bild auf Seite 141 (unten rechts) am Himmel. Dabei ist es nicht so einfach, sie auf Anhieb von irisierenden Federwolken, die aus Eiskristallen (gefrorenem Wasser) bestehen, zu unterscheiden. Ich prüfte dann Wetterkarten vom 4. und 5. Februar und klickte im Internet Radiosondenaufstiege (Wetterballons, die unter anderem den Luftdruck beim Aufstieg messen) in 12.000 km Höhe durch. Und man möchte es kaum glauben: Während Leibnitz in der Steiermark um 10 Uhr am Vormittag schon 18 °C gemessen hat, Köflach 17 °C, Graz 16 °C, gab es in über 12 Kilometer Höhe zeitgleich unter –70 °C!

Links: Perlmuttwolken (über einem Strommasten) in Lienz. Foto Jasmine Waldner. Rechts: Perlmuttwolken über dem Schlern und über der Seiser Alm. Beide Fotos vom 23.12.2023

Links: Perlmuttwolken bei Verdings, oberhalb von Klausen, 23.12.2023. Rechts: Perlmuttwolken über den verschneiten Rosszähnen (Schlerngruppe) von Veronika Rier aus Laranz bei Kastelruth, 23.12.2023

Terlan, 23. 12. 2023.
Foto Irmgard Barbieri

Perlmuttwolke vom 5.2.2024, von meinem Fenster aus gesehen

Leuchtende Nachtwolken

Diese Wolkenart kommt bei sehr tiefen Temperaturen in der Mesosphäre vor, zwischen 65 und 95 km Höhe. Geht die Sonne unter, wird der Himmel dunkel, allerdings strahlt das Sonnenlicht die hoch liegenden Wolken immer noch an.

Die Eispartikel, wahrscheinlich Eiskügelchen, sind aus dem in dieser Höhe geringfügig vorhandenen Wasserdampf entstanden. Die Sublimationskerne, d. h. die Teilchen, an denen der Wasserdampf bei Temperaturen von –90 bis –100 °C anfriert, sind wahrscheinlich Staubteilchen, die von der Erde stammen. Die Eiskügelchen streuen und reflektieren das Licht der Sonne in besonders hellen Farben: Silber bis Grau, Grau bis Weiß, manchmal auch Orange und Rot bzw. übergehend zum Blau auch ein bisschen Grün.

Leuchtende Nachtwolken sind besonders im Sommer zu beobachten, wenn in der Höhe die Sonne lange scheint, während es unten dunkel wird.

Weitere Wetterregeln mit Wolken

Hier fass ich dir noch Wetterregeln zusammen, mit denen sich das Wetter deuten lässt. Dabei handelt es sich um Beobachtungen, die ich schon seit über 25 Jahren gemacht habe und die relativ häufig stimmen:

Weiße Wolken regnen nicht.
Dunkle Wolken künden Regen an.
Schwarze Wolken – schwere Wetter.
Es regnen nicht alle Wolken,
die am Himmel stehen.
Je weißer die Schäfchen (Altocumulus) am Himmel geh'n,
desto länger bleibt das Wetter schön.
Wenn die Sonne scheint sehr bleich,
ist die Luft an Regen reich.
Ziehen hohe Wolken nach Süden ab und folgt von Norden her
klarer Himmel, dann wird das Wetter gut.

Oben links: Leuchtende Nachtwolken mit dem Schloss Schönbrunn, 4.7.2021. Oben rechts: Ein bisschen früher von der Gloriette aus fotografiert. Unten links: Leuchtende Nachtwolken über Wien-Penzing, 5.7.2020. Unten rechts: Leuchtende Nachtwolken über Ratzersdorf bei Sankt Pölten, 3.7.2021

Der Hundertjährige Kalender

Der Hundertjährige Kalender, an dem so mancher sich auch heute noch orientiert, umfasst traditionelles Wissen und verschiedene Regeln aus der Natur, die im Nachhinein wissenschaftlich überprüft worden sind und nicht nur als Aberglaube abgetan werden. Die Schweizer würden an dieser Stelle fragen: „Wer hat es (oder ihn) erfunden?"

Zurück geht der heutige Hundertjährige Kalender auf Moritz Knauer, besser bekannt in der Geschichte als Abt Mauritius Knauer. Er hat die Bausteine für den 100-jährigen Kalender geschaffen und nannte ihn „immerwährenden praktischen Wirtschaftskalender".

Am 14. März 1613 als Sohn eines Bauern geboren, durchlebte Moritz Knauer viele Jahre geprägt von Hunger und Pest. Sein Vater brachte ihm das Wissen der Bauern bei, das natürlich auf vielen Beobachtungen in der Natur beruhte. 1631 durfte er wegen seiner Begabung die Klosterschule der Zisterzienser in Langheim, Bayern, besuchen. Von Langheim kam er nach Wien, wo er Theologie, Medizin und Astrologie studierte. Astrologie war damals so etwas wie Astronomie, das Fach beschäftigte sich weniger mit den Horoskopen, sondern eher mit der Erforschung von Sternen, Planeten und dem Weltall.

Nach dem Studium in Wien kehrte Moritz in seine Heimat Langheim zurück, wo er sich seiner kirchlichen Berufung widmete. Als Mönch Mauritius Knauer wurde er mit 26 Jahren Abt des Klosters Liechtenfels in Oberfranken, im Norden Bayerns. 1648 wurde ihm an der Universität Bamberg der Doktor der Theologie verliehen.

Wie viele damalige Wissenschaftler tat sich Mauritius schwer, Wissenschaft und Glaube unter einen Hut zu bringen, vor allem focht er einen ständigen Kampf gegen das strenge Regelwerk der Kirche. Er legte sich mit Vorgesetzten an, selbst Kaiser Ferdinand II., der ihn unterstützte, wandte sich von ihm ab. Mauritius ging auch gegen die Vorschriften der Bamberger Behörden vor, später sogar gegen den Bamberger Bischof. Soldaten des Bischofs nahmen ihn schließlich fest, und er musste ins Gefängnis. Daraufhin belegte er die Soldaten und deren Auftraggeber mit einem Kirchenbann „bis in alle Ewigkeit".

1652 musste er widerrufen. Bei den Bauern allerdings wurde er als Held gefeiert. Da einige seiner Gegner verfrüht und unerwartet starben, glaubten die Leute, dies sei auf den Bannfluch zurückzuführen. Irgendwann lenkten auch die Kirchenvorgesetzten ein, und Mauritius Knauer durfte wieder nicht nur der Arbeit in der Kirche, sondern auch seinem Wissenshunger nachgehen.

Nach den diversen Auseinandersetzungen mit Vorstehern und seinem Gefängnisaufenthalt ließ er in Langheim den Blauen Turm errichten, der einem heutigen Observatorium mehr oder weniger gleichkommt. Von dort aus beobachtete er jede Nacht die Sterne. Unter anderem stellte er die These auf, dass die Himmelsgestirne Einfluss auf Pflanzen, Tiere und Menschen hätten, weil alles Irdische laut dem Schöpfungsbericht erst nach den Sternen und Planeten entstanden sei. Mauritius dokumentierte das Wetter sieben Jahre lang, und zwar jeden Tag bis ins kleinste Detail. Und er entwarf einen neuen Kalender. Im Jahre 1664 verstarb er an den Folgen eines Schlaganfalls.

An dieser Stelle muss gesagt werden, dass Knauer keine sich alle 7 Jahre wiederholende und auf den Tag genaue Wetterprognose erstellen wollte. Vielmehr wollte er den Menschen eine

Orientierung geben, wann zum Beispiel gesät werden sollte. Er wollte Witterungsperioden aufzeigen, nach denen man sich richten und mögliche Krankheiten dadurch auch vermeiden konnte.

Im Jahr 1700 veröffentlichte schließlich der Arzt und Verleger Dr. Christoph von Hellwig in Erfurt Knauers Kalender und verkürzte die Periode auf 100 Jahre. Er fand, die Zahl 100 bleibe den Menschen einfach besser im Gedächtnis als die 312 Jahre, die Knauer berechnet hatte. 1720 erhielt der Kalender dann durch den Erfurter Verleger Weinmann den Namen „Hundertjähriger Kalender".

Die Einteilung Knauers: Die sieben Planetenjahre

Für Mauritius Knauer galt die Zahl 7, wie in vielen Völkern und Kulturen, Märchen oder auch in der Schöpfungsgeschichte der Bibel, als besondere Zahl. Die Sieben ist eine heilige Zahl, es wird immer wieder von sieben Planeten gesprochen (damit sind Himmelsgestirne gemeint, auch der Stern, die Sonne, oder der Trabant, der Mond).

Eine alle sieben Jahre wiederkehrende Abfolge der Himmelsgestirne, die sogenannten Planetenjahre, legte er der Wichtigkeit nach fest: Saturn, Jupiter, Mars, Sonne, Venus, Merkur, Mond.

Grob lassen sich gewisse Witterungen den einzelnen Gestirnen in einem Jahr zuschreiben (muss nicht jedes Mal so zutreffen, vor allem nicht mehr in Zeiten der globalen Erwärmung, da ohnehin jedes Jahr zu warm oder viel zu warm ist). Beispielhaft sind ab dem Jahr 2000 die Folgejahre zum jeweiligen „Planetenjahr" aufgelistet:

- Saturnjahr: kalt und feucht (2000, 2007, 2014, 2021, 2028, 2035, 2042, …)
- Jupiterjahr: warm und trocken (2001, 2008, 2015, 2022, 2029, 2036, 2043 …)
- Marsjahr: heiß und trocken (2002, 2009, 2016, 2023, 2030, 2037, 2044 …)
- Sonnenjahr: gemäßigt warm und trocken (2003, 2010, 2017, 2024, 2031, 2038, 2045 …)

- Venusjahr: warm und feucht (2004, 2011, 2018, 2025, 2032, 2039, 2046 …)
- Merkurjahr: häufig kalt und trocken (2005, 2012, 2019, 2026, 2033, 2040, 2047 …)
- Mondjahr: häufig kalt und feucht (2006, 2013, 2020, 2027, 2034, 2041, 2048 …)

Der Hundertjährige Kalender des Mauritius Knauer dient den Menschen als Orientierung, gibt aber bei Weitem keine detaillierte Punktprognose ab, wie sie in manchen Kalendern gedruckt werden. So entspricht zum Beispiel eine für den Monat April detaillierte Witterungsprognose für bestimmte Tage leider keiner Prognose in der Realität, nicht im Jahr 2000, nicht im Jahr 2024, und schon gar nicht im Jahr 2048. Ich kenne auch von zu Hause solche Kalender, die jedes Jahr gedruckt werden. Darin werden in einem Abschnitt in jedem Monat, von Jänner bis Dezember, Witterungsphasen oder sogar nur einzelne Witterungstage vorhergesagt. Schon als Kind hat mich das stutzig gemacht. Wie konnte das sein? Ich fand es anfangs super, dass da das Wetter fast bis ins kleinste Detail vorhergesagt wurde, z. B. starker Schneefall am 12. Jänner oder ein Schneesturm vom 24. bis 27. Februar. Aber so groß wie meine Freude auf den Schneesturm war, so tief war auch meine Enttäuschung, wenn es dann stattdessen sonnig und ziemlich mild war. Nach ein paar Wochen habe ich diesen Abschnitt dann belächelt, schön zum Lesen und anzuschauen, mehr nicht. Anders verhält es sich mit den Bauernregeln und den Mondphasen, was im Endeffekt den Kalender an sich wieder interessant macht.

Der Hundertjährige Kalender gibt mit Sicherheit keine Wetterprognose für die einzelnen Tage ab, schon gar nicht eine Prognose, die alle sieben Jahre wiederkehrt. Das wäre irgendwie schön und witzig zugleich. Er ist aber ein Ratgeber für Haus, Garten und Gesundheit, nach dem man sich richten kann. Das war eigentlich auch die ursprüngliche Absicht von Mauritius Knauer. Eine Hilfe für die heimischen Mönche und Bauern des 17. Jahrhunderts im

Frankenland. Für die Wettervorhersage an sich und für die Meteorologie der heutigen Zeit ist er nicht nützlich.

Im Hundertjährigen Kalender gibt es auch das Mondjahr. Der Mond hat in allen Kulturen eine Bedeutung. Er ist nicht nur für die Gezeiten, für Flut und Ebbe, zuständig. Menschen orientieren sich nach Mondphasen und leben zum Teil nach ihnen, schlägern das Holz bei abnehmendem Mond, füllen den Wein um von einem Holzfass ins andere („Wein oziachn"), füllen Getränke bei abnehmendem Mond ab, putzen bei abnehmendem Mond die Fenster. Menschen mit dünnem Haar sollten sich die Haare bei zunehmendem Mond schneiden, vor allem an einem Löwe-Tag. Da legt sich aber oft die Wirtschaftlichkeit quer, denn das alles geht sich nach den Mondphasen nicht aus, sondern muss einfach früher ausgeführt werden oder später.

Dass gewisse Dinge manchmal zutreffen, ist reiner Zufall. Mitunter liegt aber auch ein bisschen Wahrheit drin: Baumschlägern bei abnehmendem Mond hat einen realen Hintergrund. Das geschlägerte Holz ist zu diesen Zeiten ein paar Prozent dichter, da während des abnehmenden Mondes minimal weniger Wasser im Stamm ist und das Holz eine größere Dichte aufweist. Damit tun sich beispielsweise Pilze schwerer, ins Holz einzudringen.

Auch die Keimfähigkeit und das Wachstum von ausgesäten Pflanzen wird ein bisschen vom Mond beeinflusst.

Alles, was in die Höhe wachsen soll, wird bei zunehmendem Mond gesät.

Diese Regel bedeutet aber nicht, dass bei abnehmendem Mond die Samen nicht keimen und die Pflanzen nicht wachsen. Ich bin da vorsichtig mit solchen Sprüchen, denn viele Umwelteinflüsse wirken beim Pflanzenwachstum mit. Wie ist zum Beispiel die Bodenbeschaffenheit, nicht jede Pflanze will für ihr Wachstum und Wohlbefinden denselben Boden, ist eine sonnige Hanglage für eine bestimmte Pflanze besser geeignet als eine feuchtere, schattige Lage? Solche Faktoren beeinflussen das Leben einer Pflanze erheblich. Unter Umständen trägt im

Vergleich der Mondeinfluss wenig dazu bei, die Pflanze schneller zum Keimen zu bringen und sie besonders kräftig zu machen.

Der Mond hat nicht nur Einfluss auf die Gezeiten, sondern auch auf Meeresbewohner, etwa auf Korallen. Die Korallen pflanzen sich an bestimmten Zeiten im Jahr fort. Da spielt der Mond eine entscheidende Rolle. Sie vermehren sich kurz nach dem Vollmond.

Forscher haben ein Lichtgen identifiziert, das es den Korallen über Distanzen von hunderten Kilometern und mehr ermöglicht, zur gleichen Zeit Eier und Spermien in die Ozeane abzugeben und so ihre Art zu erhalten.

Regeln, die mit dem Wind und Mond einhergehen, stimmen auch nur bedingt.

Wenn der Nord zu Vollmond tost, folgt ein langer, strenger Frost.

Bei starkem Nordwind kommt die kältere Luft aus Nordeuropa, so der Grundgedanke dieser Regel. Allerdings kommt es dabei erstens auf die Luftmasse und die Jahreszeit an, zweitens auf die Region. Wenn zum Beispiel in Meran, in Matrei in Osttirol, St. Veit an der Glan oder in Frohnleiten in der Steiermark der Nordwind weht, dann handelt es sich in diesen Regionen um Föhn. Dieser bringt zwar auf den Bergen die kältere Luft, verhindert allerdings, wenn er die Nacht durchweht, im Tal meistens den Frost (außer es handelt sich um eine sehr kalte Luftmasse). Dann kann es nämlich, wie du bereits im Abschnitt „Wind“ erfahren hast, nicht sonderlich stark auskühlen. Wir Meteorologen sagen dazu: „Die Luft ist durchmischt.“ Befindest du dich aber nördlich der Alpen, und es sind keine hohen Berge in der Umgebung, dann gibt es auch keine Föhneffekte, und du spürst die Abkühlung deutlicher. Frost ist im Winter dann bei entsprechender Luftmasse möglich, sodass zum Beispiel in Bern, Kempten, München, Ort im Innkreis, in Groß-Siegharts, Mistelbach, Wien und Kittsee im Bezirk Neusiedl am See die Temperaturen deutlich zurückgehen.

Aber bleiben wir beim Hundertjährigen Kalender. Er stellt eben lediglich eine Orientierungshilfe dar, manche Regeln treffen eher zu als andere. Und, wie gesagt, eine Wetterprognose für die einzelnen Tage gibt er keineswegs an.

Dass sich das Wetter mit dem Vollmond ändert, kann ich auch nicht so einfach stehen lassen. Ich sag dann immer, wenn diese Regel stimmen würde, dann würde es an allen Orten der Erde so sein, und das ist eben nicht der Fall. Die folgende Regel stimmt daher nicht.

Der Neumond macht's Wetter, und bei ihm ändert sich das Wetter gern; wenn nicht sofort, so sicher am dritten Tag danach.

Du könntest hier jetzt auch sagen „… wenn nicht am dritten Tag, dann am vierten, und wenn nicht am vierten, dann am fünften Tag …" Ich glaube, an dieser Stelle verstehst du, was ich meine.

Auch wenn die folgende Regel eintritt, ist es nur dem Zufall zu danken:

Unmittelbar nach Neu- oder Vollmond gibt es die heftigsten Regenfälle.

Witterung am Kalender – Singularitäten und Lostage

Singularitäten

Einzelne Wetterlagen oder Witterungsmuster kommen über viele Jahre hinweg relativ oft vor, d. h. es gibt eine gewisse Häufigkeit des Auftretens von kalten oder wärmeren Phasen zu bestimmten Zeiten des Jahres. Wir nennen sie Singularitäten. Früher war die Trefferquote viel höher als etwa in den letzten 30 Jahren. Durch den Klimawandel verändern sich auch die Strömungsmuster im Laufe des Jahres, sodass gewisse Singularitäten weniger häufig eintreffen.

Aprilhafter März(en)winter (tritt relativ häufig auf)

Ähnlich wie im Herbst (nur umgekehrter Zustand) haben wir nach einer länger anhaltenden milden Hochdrucklage (in den letzten Jahren häufig der Fall, im Jahr 2024 ungewöhnlich lange und viel zu warme Wetterphasen) durch die höherstehende Sonne wieder mehr Dynamik, die Tiefdrucktätigkeit wird angeregt, Warm und Kalt beginnen vermehrt nach Süd oder Nord vorzustoßen. Dadurch werden Südföhn-Wetterlagen oder eben Kaltluftausbrüche aus Nordwest oder Nord häufiger. Dabei kann es im März wieder bis ins Flachland schneien, auch Graupelgewitter sind möglich. Das typische Aprilwetter (mit schnell abwechselnden Regen- und Schneeschauern, Graupelgewittern und Sonnenschein zwischendurch) ist heutzutage im Alpenraum eher im März vorzufinden. Auch ein oder mehrere Eistage (Dauerfrost) sind noch möglich.

Aprilfröste (treten häufig auf): Marille, Apfel und Co.

Nicht eine Singularität, aber immer ein Zittern für viele Bauern ist der Übergangsmonat, der April. Vor den Eisheiligen ist der April der Monat, der oft über spätere Ernten entscheidet.

Im April kommt es häufig noch zu Nachtfrösten, nach Kaltfrontdurchgängen haben Nachtfröste genug Potential, um eine ganze Marillenernte zu zerstören. So gab es 2021 vom 14. bis 17. April regional großflächigen Morgenfrost (–5 bis –1 °C) von Baden-Württemberg, Bayern und der Schweiz bis ins Burgenland und in die Südsteiermark oder auch bis nach Südtirol. 2023 traf es wieder den Alpenraum hart, vor allem aber Niederösterreich, hier zeigte das Thermometer in der Früh vom 5. April –11 °C in Schwarzau im Freiwald (Waldviertel) an, –10 °C in Sexten im Pustertal, –8 in Gars am Kamp, bei Stift Zwettl und in Freistadt im Unteren Mühlviertel, in Litschau und Horn, in Sankt Pölten und St. Veit an der Glan in Kärnten waren es –4 bis –3 °C in Wiener Neustadt und –2 °C in Bludenz in Vorarlberg.

In der Wachau, wo die frostanfälligere Sorte „Klosterneuburger Marille“ die „Hauptmarille“ ist, gab es nahezu einen Totalausfall der Ernte. Dagegen war man im Weinviertel etwas besser dran: Einerseits war der Frost hier nicht ganz so schlimm mit Werten um –3 °C, andererseits wachsen hier auch diverse frostresistentere Sorten.

Bei der Apfelblüte gilt Ähnliches, da sieht man etwa rund um Kurtatsch, Laag, Eppan, Sankt Pauls und Naturns in Südtirol in Eis gepanzerte Apfelbäume. Wenn bei einsetzendem Frost hier nachts die „Frostsirenen“ heulen, dann wissen die Landwirte, es muss die

„Frostberegnung“ eingeschaltet werden. Dabei entsteht an der Apfelblüte ein Eispanzer, der die Blüte bis etwa –3/–4 °C schützt, bei stärkerem Frost lässt der Schutz nach, was allerdings eher selten vorkommt.

Der April kann aber auch anders, er kann den ersten Hitzetag bringen mit einer Temperatur von 30 °C und mehr. Dabei sticht besonders Salzburg heraus, da hier häufig der Südföhn ein bisschen mitspielt und die Temperatur mit der bereits höherstehenden Sonne nach oben treibt:

- 1934, am 17. April in der Stadt Salzburg 30,3 °C (frühester 30er in der Messgeschichte)
- 2018, am 20. April 30 °C (zweitfrühester 30er der Messgeschichte)
- 1968, am 23. April 30 °C in Obersiebenbrunn in Niederösterreich
- 2000, am 23. April 30 °C in Salzburg-Freisaal

Die Eisheiligen (kalte Witterungsphase, tritt nicht alle Jahre auf)

- 11. Mai: Mamertus (ist der erste Eisheilige im Norden Deutschlands)
- 12. Mai: Pankratius (ist der erste Eisheilige im Alpenraum und in Süddeutschland)
- 13. Mai: Servatius
- 14. Mai: Bonifatius
- 15. Mai: Sophie (das kalte Sopherl)

Es hat sich eingebürgert, dass etwa in Österreich und Südtirol nicht vor dem 15. Mai, der „Kalten Sophie“, z. B. Tomaten ausgesät oder Tomaten-Jungpflanzen, die vorher am Fensterbrett gezogen wurden, ausgesetzt werden. Der Grund sind die bis dahin noch relativ häufig und eben spät auftretenden Morgenfröste, nachdem es Ende April oder Anfang Mai die ersten Sommertage gegeben hat. Häufig kommt es im zweiten Maidrittel zu einem Kaltfrontdurchgang, bei dem es in anschließenden klaren Nächten stark auskühlen kann und Morgenfrost auftritt. Da bangen dann häufig die Landwirte um ihre Jungpflanzen bzw. um die kleinen Früchte, die den Frost im April überstanden haben (Apfel und Marille zum Beispiel).

Räuchern zur Frostbekämpfung, 16. April 2016. Foto Alois Zimmermann aus dem Kremstal in Niederösterreich

Die Schafskälte (kalte Witterungsphase, tritt häufig auf):

Im Juni ist das Meerwasser von der Biskaya über den Ärmelkanal bis zur Ostsee noch ziemlich kalt, während der Boden oder die Luft an Land ziemlich warm sind, zum Teil gibt es ja auch schon die ersten Hitzetage mit über 30 °C. Diese Temperaturgegensätze lassen die Tiefdrucktätigkeit über dem Norden Europas noch einmal aufleben, und so kommt es nicht selten vor, dass eine Kaltfront vom 3. bis 21. Juni den Winter auf den Almen zurückbringt. Manchmal sogar in zwei Schüben mit Sommertemperaturen dazwischen.

Zu dieser Zeit haben viele Bauern ihre Schafe schon geschoren und zur „Sommerfrische“ auf die Alm getrieben, wo sie den Sommer über verbringen. Das kann gefährlich für einige Schafe werden, da sie erfrieren könnten, wenn die Schneefallgrenze noch einmal auf unter 2000 m Höhe sinkt bzw. auf unter 1500 m Höhe, wie im Jahr 2014.

Die Hundstage (lat. dies caniculares)

Vom 23. Juli bis 23. August kommt es oft quer durch Europa zu den heißesten Tagen im Jahr. Die Hundstage haben nichts mit dem Haustier, dem Hund zu tun. Der Name leitet sich von den Sternen ab, und zwar von dem Stern Sirius und dem Sternbild des Großen Hundes. Für die frühen Ägypter war die Sichtung des Sirius kurz vor

Sonnenaufgang in der zweiten Julihälfte ein gutes Zeichen, da dieser die bevorstehenden Hochwässer des Nils einläutete, die sogenannte Nilschwemme. Diese tritt regelmäßig alle Jahre auf, hervorgerufen durch starke Regenfälle (Monsun) im äthiopischen Hochland. Auch zur Zeit des Römischen Reiches (Beginn 753 v. Chr.) hatte man beobachtet, dass Sirius zusammen mit der Sonne nahezu zeitgleich auf- und unterging und sich im Sternbild „Großer Hund" befand. Seitdem hat sich dieses zeitliche Ereignis ein bisschen verschoben. Die Erdachse taumelt und vollführt alle 26.000 Jahre eine volle Umdrehung (ähnlich wie bei einem Kreisel, der herumeiert). Aufgrund der „Taumelbewegung der Erdachse", die durch Anziehungskräfte von Mond und Sonne über Jahrtausende hervorgerufen wird, treten diese Beobachtungen nicht mehr genau wie damals auf. So hat sich die relative Position der Sonne zu den Sternen um 30 °C verschoben. Heute ist der Aufgang von Sirius in Österreich oder Deutschland etwa ab dem 30. August zu sehen. (Die Hundstage bleiben aber dem Zeitraum vom 23. Juli bis 23. August zugeordnet.)

In der Landwirtschaft setzt man hier auf heiße und trockene Tage, damit die Weinbeeren besonders gut reifen. Lokale Unwetter bringen viel Regen, meist müssen aber Pflanzen im Garten und am Balkon besonders gegossen werden (am besten morgens).

Weihnachtstauwetter (tritt häufig auf) und Rekordschneehöhen

In Europa haben wir im Dezember einen kalten Norden und einen warmen Westen und Süden. Vorher, im Oktober und November, macht sich häufig schon die kältere Luft von Norden her in Richtung Schweiz, Italien, Deutschland und Österreich auf, auch mal verbunden mit kräftigen Italientiefs, wie es auch die letzten Jahre mit den starken Schnee- und Regenfällen in Südtirol, Osttirol und Oberkärnten gezeigt haben – Schneebruch hat neben den Stürmen vorher die Wälder zum Teil arg in Mitleidenschaft gezogen, und die Devise hier war, das meiste Schadholz so rasch wie möglich zu beseitigen, da der Borkenkäfer sich sonst noch schneller ausbreitet.

Kurz vor Weihnachten schaltet sich häufig wieder der Atlantik ein. Ein kräftiges Tief über Island oder den Britischen Inseln schaufelt sehr milde Luft von West bis Südwest nach Mitteleuropa oder in den Alpenraum. Das Weihnachtstauwetter ist geboren, und es hat uns vor allem seit 2013 nur noch vereinzelt weiße Weihnachten beschert.

Neben der regen Tiefdrucktätigkeit über Nord- oder Westeuropa werden auch mal eine druckschwache (windarme) Wetterlage, in der wir im Bereich der milderen Mittelmeerluft liegen, dazu mitunter Südföhn wirksam, sodass Frost kaum noch eine Chance hat. Auch Inversionswetterlagen sind da manchmal an der Tagesordnung, bei denen es auf den Bergen milder ist als in den Tälern und Becken.

Es kann auch sein, dass das Weihnachtstauwetter ausbleibt und Frost und Schnee vor oder genau während der Weihnachtsfeiertage herrschen. So war es in Österreich seit 1961 zu Weihnachten (am 24. oder 25. 12. mindestens 1 cm Schneedecke) in den folgenden Jahren in allen Landeshauptstädten weiß: 1962, 1963, 1969, 1970, 1981, 1986 und das letzte Mal 1996. Bis ins Jahr 2023 war das dann nicht mehr der Fall.

Grün-braun blieb es zu Weihnachten (ab 1961 in allen Landeshauptstädten): 1977, 1983, 1987, 1988, 1996, 2006, 2013, 2014, 2015, 2016, 2018, 2019, 2020, 2022 und 2023.

Wenn du dich fragst, wie viel Schnee in der Vergangenheit zu Weihnachten mal gelegen ist, hier aufgelistet die Rekordschneehöhen:

Ort (Höhe)	Datum	Schneehöhe
Innsbruck (585 m)	24.12.1962	96 cm
Graz (360 m)	24.12.1994	53 cm
Sankt Pölten (270 m)	24.12.1969	50 cm
Klagenfurt (452 m)	24.12.1994	47 cm
Salzburg (445 m)	24.12.1962	40 cm
Eisenstadt (182 m)	24.12.1969	39 cm
Wien (209 m)	24.12.1969	30 cm
Bregenz (437 m)	24.12.1969	25 cm
Linz (262 m)	24.12.1969	24 cm

Zur Wetterlage kurz vor Weihnachten 2023: Zittern für den Meteorologen bis zuletzt. Gibt es weiße Weihnachten oder nicht?
Am 1. und 2. Dezember 2023 schneite es in Bayern, Oberösterreich oder auch im Raum Wien so viel wie schon lange nicht mehr. Eine Kaltfront aus Nord, dann noch ein Italientief, das zunächst starken Regen im Südalpenraum brachte, bewirkten, dass der Regen nördlich des Alpenhauptkammes rasch in Schneefall überging. Eine Art Luftmassengrenze bildete sich aus, in der es nördlich davon schneite und südlich davon regnete. Südlich des Alpenhauptkammes oder auch ganz im Osten Österreichs, im Seewinkel oder auch in der Südsteiermark bzw. rund um Lienz und Bozen ging sich kein oder kaum Schneefall aus.

Im Raum München dagegen türmte sich die Schneedecke bis zum Abend des 2. Dezember auf 40–50 cm, teils über einen halben Meter im südöstlichsten Bayern, im Innviertel und Mühlviertel waren es 20–40 cm, in Wien bis 22 cm. Danach klarte der Himmel auf, nachts folgte strenger Frost, teils mit Werten unter –20 °C im Mühl- und Waldviertel oder auch in einzelnen Alpentälern. Die Wetterstation Liebenau-Gugu (Mühlviertel) maß –25 °C, in Schwarzau im Freiwald (Waldviertel) waren es –24 °C. Danach wurden die Atlantiktiefs stärker, und vorbei war es mit der Kälte. Die Strömung drehte auf Nordwest bis Südwest, und der Wind legte ordentlich zu. Nach wechselhaften Tagen mit gefrierendem Regen, Schneeregen und Sonne zwischendurch war es am 18. und 19. Dezember sehr sonnig und ziemlich mild (bis auf die wenigen Nebelzonen), zum Teil extrem mild mit 17 °C in Sankt Radegund in der Steiermark (730 m Höhe), 6 °C auf der Plose (2470 m Höhe) bei Brixen sowie 17 °C am darauffolgenden Tag am Mariahilfberg in Gutenstein (710 m Höhe) und 7 °C am Patscherkofel (2080 m Höhe) bei Innsbruck.

Am Mittwoch, dem 21. Dezember, läutete eine Mischfront (Okklusion) von Norden her ein sehr turbulentes vorweihnachtliches Finale ein. Es gab Windböen teils über 100 km/h, noch intensiver waren die Windböen an einer Kaltfront, die dann am späten Abend, nach 21 Uhr, von Nordwesten her folgte, begleitet von Gewittern (es blitzte und donnerte wie im Sommer, teils im Minutentakt) und Orkanböen.

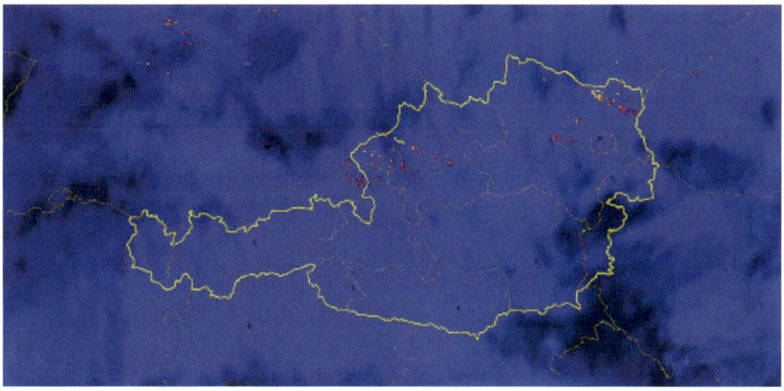

Gewitterherde am 21. Dezember 2023 spätabends. In Blau die Wolkenbedeckung und in Gelb und Rot die Blitzentladungen. Bild Wetterredaktion ORF

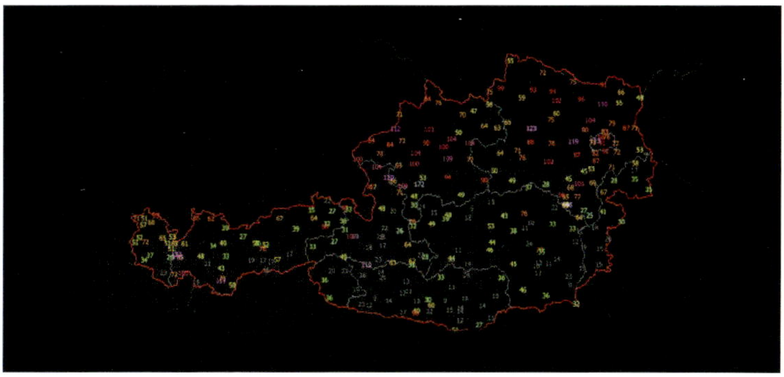

Höchste Windspitzen. Während des Frontdurchgangs am Abend gab es vor allem im Salzburger Land (im Flachgau), in Ober- und Niederösterreich und Wien Sturmböen, zum Teil Orkanböen. Bild Wetterredaktion ORF

Der Wind frischte dann noch einmal auf, mit den stärksten Böen direkt an den Gewittern von 90–120 km/h selbst im Flachland, an exponierten Lagen über 120 km/h, und am Feuerkogel waren es sogar 172 km/h.

Vorausgehend wurde es in der Höhe kälter, dann auch unten, und mit den heftigen gewittrigen Schauern sank die Schneefallgrenze rasch von etwa 1600 m auf zum Teil 500 m ab. Als ich am 22. Dezember in der Früh nach Südtirol fuhr, hatte es z. B. zwischen Seewalchen am Attersee und Mondsee ganz heruntergeschneit, kurz vor Salzburg wieder geschüttet, dann war die Schneefallgrenze nach Westen zu auf 1000 m gestiegen.

Am 23. Dezember lag Österreich immer noch in einer straffen Nordwestströmung, es regnete länger anhaltend an der Alpennordseite und im Osten Österreichs. Zeitgleich ließ der Wind in Niederösterreich, Wien und im Nordburgenland spürbar nach, kältere Luft kam hier in der Höhe herein, und der Regen ging dann im Weinviertel, im Nordburgenland und in Wien in Schneefall über. In Wien bildete sich eine 3 cm dicke Schneedecke. Am Nachmittag setzte wieder starker bis stürmischer Wind im Westen Wiens ein, und die Temperatur schnellte in Auhof auf 9 °C hinauf, während sie in Donaufeld bei wenig Wind noch bei knapp über 0 °C lag. Also große Unterschiede innerhalb weniger Kilometer. Abends regnete es dann im Osten überall, sodass am 24. Dezember in der Früh in den tieferen Lagen der gesamte Neuschnee wieder weggeschmolzen war.

Lostage

Diese Tage sind vor allem in der Landwirtschaft oder für (Landschafts-)Gärtner von Bedeutung. Nach ihnen richtete man sich früher: Wann soll ausgesät werden? Wie wird es um die Ernte bestellt sein? Soll man bis zur Ernte noch mehrmals eingreifen? Die Lostage sind nach altem Bauernwissen festgelegt worden, da hier Wetterprophezeiungen zumindest früher im süddeutschen Raum ziemlich gut gepasst haben. Der Lostag sollte in etwa eine Witterungstendenz für die folgenden Wochen angeben. Auch hier betone ich, dass man heute bitte nicht auf den einen Tag setzen möge, sondern die Tage vorher und nachher beobachten soll.

Hier eine Auflistung der wichtigsten Lostage:

- 2. Februar: Mariä Lichtmess
- 22. Februar: Petri Stuhlfeier
- 25. März: Mariä Verkündigung
- 24. Juni: Johannistag
- 27. Juni (eigentlich 7. Juli): Siebenschläfertag
- 15. August: Mariä Himmelfahrt
- 24. August: Bartholomäustag
- 25. Dezember (Christtag, Weihnachtstag) bis 6. Jänner (Dreikönigstag)

Der Siebenschläfertag – der Lostag schlechthin

Ursprünglich hat diese Lostagsregel nichts mit dem Tier, das Siebenschläfer heißt, zu tun, sondern mit einer christlichen Legende zur Zeit der Christenverfolgung im 3. Jahrhundert. Sieben Christen suchten Zuflucht in einer Berghöhle, wurden eingemauert und schliefen darin, sicher vor ihren Verfolgern, 195 Jahre. An einem 27. Juni wurde die Höhle wieder geöffnet, und Gott erweckte die jungen Schläfer zu neuem Leben.

Durch die gregorianische Kalenderreform fällt der Siebenschläfertag eigentlich auf den heutigen 7. Juli. Ende Juni und Anfang Juli fährt sich das Wetter in Europa mehr oder weniger ein, da kann man dann des Öfteren Muster bei der Großwetterlage erkennen, die mehr oder weniger auch mal für die folgenden Wochen gelten. Daher gilt:

Beobachte den Zeitraum von Ende Juni bis Anfang Juli (27.6. bis 7.7.). So wie sich die Großwetterlage in Europa in diesem Zeitraum einstellt, so kann man eine Tendenz für die folgenden Wochen annehmen.

Ist der Atlantik ziemlich aktiv und liegt der Jetstream (das Starkwindband in großer Höhe, an dem die Tiefs mit den Fronten über Europa ziehen) nahe über West- und Nordeuropa, dann wird es eher ein Auf und Ab mit Sonnenschein und mal heftigen Gewittern geben, dazu sommerliche Wärme mit einigen heißen Tagen zwischendurch.

Ist die Druckverteilung über Europa schwach, und wir liegen im Hoch, dann kann es sein, dass es warm und sonnig wird, mit ein paar lokalen Gewittern immer wieder mal am Nachmittag und Abend.

Ist das Subtropenhoch zu dieser Zeit stärker als üblich und kommt es uns sehr nahe, dann folgen länger anhaltender Sonnenschein, Trockenheit und einige sehr warme bis sehr heiße Perioden, richtige Hitzewellen über weiten Teilen Europas mit über 30 oder sogar über 35 °C.

Die Trefferquote dieser Regel liegt in Süddeutschland und in Österreich bei 50 bis 70 Prozent.

Wie das Wetter am Siebenschläfer sich verhält, ist es sieben Wochen lang bestellt.
Ist Siebenschläfer ein Regentag, regnet's noch sieben Wochen nach.
Scheint am Siebenschläfer die Sonne, gibt es sieben Wochen Wonne.

Für Abt Mauritius Knauer waren die Lostage ein wichtiger Bestandteil seines „Immerwährenden Kalenders".

Pflanzen können das Wetter deuten

Manchmal kann es vorkommen, dass sich Tiere aufgrund der aktuellen Witterung nach bestimmten Mustern verhalten. Natürlich stimmt da nicht jede Bauernregel, etwa wenn die Maulwurfshügel im Garten hoch sind, dann bedeutet das noch lange keinen strengen Winter mit besonders großer Kälte.

Was mir die letzten Jahre alles an wundersamen Dingen untergekommen ist, die den Winter vorhersagen … da hab ich mir selbst ein Bild davon machen können. Im Pflanzenreich etwa die Kleinblütige Königskerze („Verbascum thapsus") mit ihren gelben Blüten am bis zu zwei Meter hohen Stiel: Für manche soll der Blütenstand vorhersagen können, ob der kommende Winter viel Schnee bringt oder nicht. Viele dicht aneinandergereihte und lange Blüten deuten auf einen schneereichen Winter hin, so der Glaube. Mal stimmt die Prognose, mal nicht. Wissenschaftlich untersucht wurde so was bis dato nicht, auch wenn die Königskerze schon vor Jahrhunderten von Knechten beobachtet wurde.

In den vergangenen Jahrzehnten haben viele selbst ernannte Prognostiker schon so manchen Jahrhundertwinter kommen sehen, der aber dann eben ausgeblieben ist. Solche Vorhersagen gehen dann schon in Richtung Überinterpretation oder Glaube bzw. spricht aus ihnen der Wunsch: Wie schön waren doch die Zeiten, als es viel Schnee gab mit klirrender Kälte. Kinder, die wochenlang Spaß beim Rodeln oder Eislaufen hatten, und das nicht nur in den heute dafür

Murmeltiere auf der Seiser Alm, 9.6.2017

typischen Regionen, wie beispielsweise dem Weißensee in Kärnten.

Aus dem Fell, den Maulwurfshügeln, den Nussbäumen oder Ameisenhaufen kann allerdings keine Vorhersage über den kommenden Winter abgeleitet werden. Da muss ich leider viele enttäuschen. Sehr wohl aber kann so manche Pflanze durch Temperaturschwankungen oder vor allem durch Änderungen der Luftfeuchtigkeit das Wetter der kommenden paar Stunden „erspüren".

Fichtenzweige können dir anzeigen, ob die Luft feucht ist oder nicht. Ist die Luft drückend schwül und eben feucht (meist vor einem aufkommenden Gewitter durch eine Front), gehen bei der Fichte die Zweigspitzen nach oben. Bei trockenem Wetter neigen sie sich nach unten.

Da ich einige Jahre in den Ferien als Landschaftsgärtner gearbeitet habe, hab ich mir gewisse Dinge mit den Pflanzen gemerkt, ihr Verhalten beobachtet oder getestet, ob Regeln über Pflanzen ihre Berechtigung haben oder nicht.

Gänseblümchen können andeuten, dass etwas in der Luft liegt. Ich erinnere mich noch gut an einen Sommertag, als ich in Bozen Rasen mähen war. Ich wusste bereits, dass es gegen Mittag gewittern würde. Dabei fiel mir nach dem sonnigen Start auf, dass die Gänseblümchen plötzlich ihre Blüten schlossen. Nicht einmal eine Stunde später zog von Jenesien, von Norden her, ein Hagelgewitter auf. Oft trifft es zu, dass dann Regen in der Luft liegt, aber es gibt natürlich Ausnahmen, da muss ich schon so genau und ehrlich sein. Trotzdem hab ich hier mal diesen Spruch zusammengereimt:

Wenn Gänseblümchen plötzlich ihre Blüten schließen,
dann wird mit relativ hoher Wahrscheinlichkeit bald Regen fließen.

Wenn dichtere Wolken aufziehen, sodass die Sonne nicht mehr durchkommt, oder wenn Regen aufzieht, dann schließen auch Ringelblumen ihre Blüten. Ähnlich die Mittagsblumen, die robusten Sukkulenten im Steingarten, die auch als Bodendecker gepflanzt werden. Diese pink, rot, orange oder gelb blühenden dickblättrigen Pflanzen schließen bei Schatten oder eben vor aufziehendem Regen ihre Blüten.

Beobachtet habe ich auch, wenn der Ewige Klee (lila oder weiße Blüten) im Klee-Acker zu Hause bei schwül-heißer Witterung mehr als üblich seine Köpfe hängen lässt (nicht nur, wenn es zu heiß und zu trocken ist), kommt danach ein Gewitter. Und bei schwülem, gewitteranfälligem Wetter lässt er seine Köpfe häufig seitlich zum Tal hin runterhängen. Auch hier gilt wieder: Es muss nicht zwangsläufig ein Gewitter kommen. Dafür hab ich mir diesen Spruch zurechtgelegt:

Lässt der Klee seine Köpfe hängen,
liegt ein Gewitter in der Luft.

Die Silberdistel (auch Wetterdistel genannt) hat ihre weiß-silbern in der Sonne schimmernden Blüten geöffnet, wenn die relative Luftfeuchtigkeit gering ist, sodass du davon ausgehen kannst, dass auch die nächsten Stunden trocken (und sonnig) bleiben.

Schließt sie bei aufkommendem Regen oder einem aufziehenden Gewitter ihre Blüten, dann tut sie das, weil der Feuchtegehalt der Luft steigt. Dabei sei aber gesagt, dass auch hier das nicht immer der Fall ist. Auch ein Regenschauer in der Umgebung kann mal die Luftfeuchtigkeit ansteigen lassen und so eine Fehldeutung bewirken. Hier hab ich diesen Spruch zusammengereimt:

Links: Silberdistel von der Gampenalm (Villnöß), 8.8.2018. Rechts: Silberdisteln nahe der Drei-Zinnen-Hütte, 21.8.2020

Schließt die Silberdistel ihre Blüten,
solltest du dich vor nahendem Regen hüten.

Zwiebelblumen reagieren auch auf Temperaturschwankungen, etwa Tulpen oder Krokusse. Schon bei geringer Abkühlung schließen Krokusse und Tulpen ihre Köpfe. Auch die Größe ihrer Blütenköpfe, bevor sie verblüht sind, sagt etwas über die Witterung der letzten Tage und Wochen aus. Sind die Blütenköpfe eher klein geblieben, dann waren die paar Frühlingstage während der Blühdauer feucht, bewölkt und eher kühl. Umgekehrt, wenn die Blüten groß geworden sind, dann weil es die Tage vorher warm war.

Die immergrünen Pflanzen Rhododendron und Schneeball reagieren im Winter bei Frost. Bei Frost hängen ihre Blätter nach unten. Rutschen wir ins Plus, dann kannst du beobachten, wie die Blätter vom Rhododendron sich wieder heben und „normal" ausschauen.

Nicht nur Pflanzen reagieren auf die vergangenen Wetterelemente bzw. das aktuelle Wetter, sondern auch Tiere und sogar der Mensch. Es kommt nicht von ungefähr, dass mancher von uns minimale Schwankungen spürt, vor allem Menschen, die mal operiert worden sind oder einen Bruch hatten bzw. auch Menschen mit chronischen Leiden.

Wie ich schon unter dem Punkt „Luftdruck" angesprochen habe, können Luftdruckschwankungen und vor allem ein Druckfall Auswirkungen auf „wetterfühlige" Menschen haben.

Wetterregeln, die aufgrund guter oder schlechter Ernte die kommenden Monate voraussagen, die gibt es zwar, allerdings ist die Relevanz gleich null. Der Ist-Zustand ist nämlich das Ergebnis von dem, was einmal war, er ist das Resultat aller Einflüsse von Boden, Wetter, Wind, Temperatur und Niederschlag der vergangenen Wochen und Monate.

Auch eine Regel wie „Hat der Michael oder die Sonja drei Kilos mehr, kommt ein harter Winter daher“ sagt nichts aus. Nur weil du die letzten Wochen besonders viel gegessen und ein paar Kilo zugenommen hast, bist du noch lange kein Wettermännchen, der das kommende Wetter prophezeien kann. Auch folgt kein strenger Winter, nur weil der Herbst zuvor überdurchschnittlich warm war.

Viele Wetterregeln haben vor allem auch in Zeiten der Erderwärmung kaum noch Relevanz:

Viele Eicheln im September, viel Schnee im Dezember.
Ist der Nussbaum an Früchten schwer, kommt ein strenger Winter daher.

Wenn die Laubbäume noch weit in den Herbst hinein nichts vom Laubfall wissen wollen und sich erst spät zu färben beginnen, kündet sich dadurch kein strenger Winter an.

Sitzt im November fest das Laub, wird der Winter hart, das glaub.

Umgekehrt hat eine frühe Färbung, das weiß ich noch aus der Kindheit, nichts mit einem frühen Winter zu tun, sondern einfach nur mit der Trockenheit und eventuell ersten Nachtfrösten. Der Baum schützt sich hier selbst aufgrund der aktuellen oder kurz zuvor herrschenden Witterung.

Dieser Spruch könnte fürs Jahr 2023/2024 zutreffen, im Flachland noch bis weit in den November hinein Laub an den Bäumen, der Winter war bis dato bis auf wenige Tage mit Kälte und Schneedecke nicht besonders hart. Im Gegenteil, wir steuern auf einen der wärmsten Winter hin! Ähnlich war es auch im Winter 2022/2023 (bis auf die vorübergehenden Schneemassen mal im Spätherbst im Süden des Alpenraumes).

Tiere können das Wetter deuten

Hat der Hase ein dickes Fell, wird der Winter ein harter Gesell.

Hasen oder Bauernkatzen, die auf einen strengen Winter hindeuten, weil deren Fell besonders dick ist, entspringen eher dem Wunschdenken. Das Fell ist dicker, weil unter anderem die Witterung so war oder ist, wie sie ist. Dasselbe gilt für Bienen, die besonders viel Propolis (Kittharz) gesammelt haben, um Ritzen und Spalten des Bienenstocks zu verschließen, auch sie sollen auf einen besonders kalten Winter hindeuten. Naja, auch zu diesen Beispielen muss ich dir sagen, das hat eher mit der aktuellen Witterung zu tun.

Bei etlichen Tieren, die ihr Verhalten während des Tages verändern, finden sich so manche Beobachtungen auch in Wetterregeln wieder, die eine bestimmte Relevanz haben. Auch hier passiert das, ähnlich wie bei Pflanzen, wegen Temperatur- und im Zusammenhang damit auch Dichteänderungen der Luft sowie mit Feuchte- oder sogar Luftdruckänderungen. Quakende Frösche, die Gewitter oder Regen vorhersagen, sind Aberglaube. Die Frösche quaken, um sich fortzupflanzen, das hast du vielleicht auch schon mal beobachten können, wenn du einen kleinen Teich zu Hause hast.

Eine weitere Annahme ist folgende: Fliegen Schwalben besonders tief, etwa über Feldern und Wiesen, dann schlägt das Wetter um. Allerdings ist das hier nicht so einfach und nicht ganz richtig. Sicher haben viele von euch im Sommer schon mal Schwalben in Gruppen zwischen den Häusern fliegen sehen oder auch bei ihren allmorgendlichen Rundflügen zwitschern gehört. Jedes Mal, wenn ich im Sommer den Schwalbengesang bei ihren Rundflügen höre, erinnert mich das an die Sommertage am Meer. Sicher ist euch auch aufgefallen, dass die Schwalben über einer frisch gemähten Wiese oder einem Berghang dicht am Boden fliegen. Manchmal siehst du Schwalben auch knapp über einem Bachbett oder Fluss.

Oben links: Hase auf der Gampenalm (Villnößß), 8.8.2018. Oben rechts: Gähnende Bauernkatze, 7.8.2018. Unten links: Hase im Lainzer Tiergarten in Wien, 5.2.2021. Unten rechts: Bauernkatze auf Weinreben, 27.1.2021

Solche Beobachtungen haben mir gezeigt, dass die Wetterregeln mit Schwalben nur bedingt stimmen. Die Rundflüge, um zu fressen, machen Schwalben nämlich generell in der Früh oder am Vormittag, wenn die Sonne den Boden noch nicht richtig aufgewärmt hat (was natürlich je nach geografischer Lage früher oder später stattfindet). Zu der Zeit fliegt auch ihre Nahrung (Fliegen, Mücken/Gelsen) tief.

Stunden, nachdem die Sonne den Boden erwärmt hat, steigen Luftblasen nach oben. Die fliegenden Insekten machen sich das zunutze und steigen mit den Blasen nach oben. Daher kommt es auch häufig vor, dass Schwalben im Laufe des Tages höher fliegen, ja manchmal sogar vor Sonnenuntergang noch hoch fliegen, obwohl einige Kilometer in der Nähe eine große Gewitterwolke zu sehen ist und es aus der Ferne donnert. Auch vor Gewittern steigt die Luft mal hoch, und die kleinen fliegenden Insekten ziehen mit.

Bleiben die aufsteigenden Luftblasen aus, dann ist es bewölkt und nicht besonders warm, oder es weht der Wind, der dagegenhält, und die Insekten bleiben eher unten. Es erfordert also mehr Wissen, um den

Schwalbenflug zu deuten, denn nicht jeder Tiefflug kündigt Regen an und umgekehrt nicht jeder Höhenflug stabiles Hochdruckwetter.

Siehst du die Schwalben niedrig fliegen, wirst du bald Regen kriegen.
Wenn die Schwalben fischen, dann verkünden sie ein Gewitter.
Fliegen die Schwalben in den Höh'n, kommt ein Wetter, das ist schön.

Dass Schwalben, die knapp über dem Wasser fliegen, sicher Gewitter ankündigen, kann ich also leider nicht bestätigen. Das hab ich gleich an mehreren Flüssen und Bächen beobachtet, sei es die Etsch, die Talfer, der Eisack, der Inn, die Kitzbüheler Ache, die Salzach oder die Donau, die Isar in München oder der Neckar in Stuttgart. Selbiges gilt auch für Meer und Seen, wie den Bodensee, Neusiedler See oder den Gardasee, um ein paar zu nennen.

Eine Regel, die sich auf einen bestimmten Tag im September bezieht, gilt mehr als Orientierung für uns Menschen, dass es bald kalt werden wird.

An Maria Geburt fliegen die Schwalben furt, bleiben sie da, ist der Winter nicht nah.
Sieht man Zugvögel schon zeitig ziehen, bedeutet's, dass sie vor der Kälte fliehen.
Früher Vogelgesang macht den Winter lang.

In den Tagen rund um den 8. September (mal früher, in der heutigen Zeit aber eher viel später) machen sich die Schwalben auf den langen Weg in ihr Winterquartier nach Süden. Tun sie das noch nicht, dann ist es häufig noch länger warm. Dass ein früher Vogelgesang den Winter besonders lang macht, hat wahrscheinlich mit wärmeren Perioden im Winter zu tun, sodass es danach zum Winterende hin oder im Frühling noch einmal winterlich kalt geworden ist oder sogar wieder geschneit hat.

Auch bei Raben/Dohlen und Möwen gibt es Beobachtungen und Wetterregeln, die mit Vorsicht zu genießen sind, bzw. ändert sich das Wetter nach einem gewissen Verhalten nur zufällig.

Möwen ins Land – Unwetter vor Hand.
Wenn die Raben schreien, folgt Regen.
Kreisen Dohlen um den Turm, gibt es Wind und oft auch Sturm.

Krähen schreien auch, wenn die Sonne scheint. Dohlen kreisen auch um den Kirchturm, wenn es nicht windig ist. Unter anderem halten sie sich dort auf, weil sie in „Löchern" des Kirchturms ihre Nester haben. Vor allem in der kälteren Jahreszeit fliegen die Dohlen in kreisendem Flug in großen Gruppen weiter ins Tal, etwa am Villanderer Berg im Eisacktal. Das hat aber nicht damit zu tun, dass Schneefall bevorsteht, sondern vielmehr mit der Schneebedeckung auf der Alm. Und bei Wind fliegen sie eben gern, weil sie sich vom Aufwind in der Luft auf und ab treiben lassen. Möwen halten sich nicht nur an Küsten auf. Zum Beispiel sind mittlerweile auch an Flüssen im Landesinneren in Europa Möwen zu sehen. In Wien sammeln sich vor allem in den Wintermonaten sehr viele Möwen, zu beobachten etwa am Hietzinger Kai oder am Wienfluss bzw. an der Neuen Donau.

Wenn wir schon vorher bei Schwalben und den fliegenden Insekten waren, möchte ich an dieser Stelle Wetterregeln mit Fliegen oder Mücken erwähnen. Blutsaugende Bremsen können im Sommer besonders lästig sein, wenn es schwül und heiß ist, das hab ich auch bei Arbeiten auf dem Feld feststellen können, oder beim Zaunaufstellen in Völs am Schlern. Wenn die Bremsen besonders aktiv und „lästiger" sind als üblich, dann hat das weniger mit einem aufziehenden Gewitter zu tun, mehr mit der Luftfeuchtigkeit und der Schwüle, die dich zum Schwitzen bringt. Der Geruch zieht nämlich Bremsen an.

Wenn Mücken tanzen, gibt es schönes Wetter.
Wenn Mücken heute tanzend spielen, sie das morgige gute Wetter fühlen.

Bei dieser Regel musst du aufpassen. Damit sind nicht die typischen Stechmücken oder Gelsen gemeint, sondern die Zuckmücken, die nicht stechen oder saugen. Manchmal kann man ganze Schwärme von Zuckmücken beobachten, die wie Rauchsäulen über Bäumen oder Wiesen aufsteigen.

Beobachtet habe ich auch Fliegen, die beispielsweise am Vormittag bei sonnigem Wetter im Schatten unter einem Hausdach oder einem schattigen Baum hin und her fliegen. Wenn sie den Schatten bevorzugen und nicht den Sonnenschein, dann kannst du später am Tag mit hoher Wahrscheinlichkeit mit Regen oder Gewittern rechnen. Diese Beobachtungen hab ich im Sommer 2023 zweimal in Videos auf Social Media angesprochen, und zack ist dann beide Male später am Abend ein Gewitter gekommen. Fliegen sie aber in der Sonne, auch in den Sonnenstrahlen im Wald, dann verheißt das gutes (sonniges) Wetter.

Wenn Fliegen im Schatten fliegen, werden wir bald Regen kriegen.
Wenn Fliegen beißen, tut das bald Regen/Gewitter verheißen.

Wenn Ameisen besonders schnell unterwegs sind, sei es auf einem Ameisenhaufen im Wald oder auf Ameisenstraßen, die auch mal an deinem Badetuch im Schwimmbad vorbeigezogen sind, dann könnte das auf Gewitterluft hindeuten (allerdings hab ich dazu keine genauen Beobachtungen machen können). Eher stimmt hier, dass es auf ein aufziehendes Gewitter oder anschließenden Regen hindeutet, wenn Ameisen tagsüber plötzlich verschwinden oder nur noch vereinzelt unterwegs sind. Die Höhe der Ameisenhügel sagt hingegen wiederum kaum was über einen bevorstehenden harten Winter aus.

Wenn die Ameisen sich verkriechen, sie das schlechte Wetter riechen.
Je höher der Ameisenhügel, desto straffer des Winters Zügel.

Wenn die Spinne aufhört, auf ihrem Netz auf Beute zu lauern und sich verkriecht, dann kommt in vielen Fällen Regen oder ein Gewitter. Sie zerreißt allerdings nicht ihr Netz, sondern der Wind kann vorher das Netz zerstören oder auch die sich im Wind bewegenden Pflanzen oder Äste.

Wenn die Spinne ihr Netz zerreißt, kommt schlechtes Wetter allermeist.
Kriecht die Spinne vom Netz ins Loch, gibt's bei Tage Gewitter noch.
Wenn Spinnen fleißig weben im Freien, lässt sich dauernd schön Wetter prophezeien.
Weben sie nicht, wird's Wetter sich wenden, geschieht's bei Regen, wird es bald enden.

Dass aber die Spinne die Jahreszeiten vorhersagt, kann ich nicht stehen lassen. Die aktuelle Witterung hat nämlich keinen Einfluss auf die bevorstehende Jahreszeit.

Im Frühjahr Spinnweben auf dem Felde, gibt es einen schwülen Sommer.
Wenn im Herbst viele Spinnen kriechen, sie schon den Winter riechen.

Dass der Maulwurf ein Wetterbote ist und über die kommende Jahreszeit eine Aussage auf den bevorstehenden Winter macht, konnte ich nicht nachweisen, im Gegenteil: Da bin ich schon öfter enttäuscht worden, weil es dann trotzdem wenig Schnee gab oder längere Zeit zu warm war.

Sind die Maulwurfshügel hoch im Garten, ist ein strenger Winter zu erwarten.

Auch Beobachtungen von Pferden, die auf „Sommerfrische" im Hochgebirge waren, habe ich überprüft. Einer meiner Onkel hat da beispielsweise früher, als ich noch Kind war, sein Pferd auf die Alm gegeben. Da sind wir mal im Sommer rauf, auf den Rollepass (Passo Rolle) im Trentino. Die Pferde sind da plötzlich wild umhergelaufen (nicht spielend, sondern aufgeregt). Mein Onkel hatte sich sagen lassen, das kann am Wetter liegen und bedeuten, dass ein Gewitter in der Luft liegt. Ob da was dran ist, kann ich leider nicht beweisen, nur war es auffällig, dass am selben Tag spätabends noch ein Gewitter aufgezogen ist, sowohl in der Rollepass-Gegend, also im östlichen Trentino, als auch im Bozner Unterland.

Bei Schafen, Kühen und Bauernkatzen hat man immer wieder Beobachtungen und Sprüche zusammengestellt. Wobei gähnende Katzen zumindest bei mir am Bauernhof zu Hause im Eisacktal oder auch früher in Bozen, wo ich aufwuchs, nicht wirklich auf Gewitter hindeuteten. Auch wenn sie sich häufig „putzten", fiel mir danach kein besonderes Wetterphänomen auf. Sowohl Putzen als auch Gähnen tun sie nicht gehäuft vor einem bestimmten Wetter, klare Zusammenhänge kann ich damit nicht bestätigen. Eher hat das mit den mal mehr oder mal weniger umtriebigen Nächten zu tun, in denen sie ihr Revier verteidigen (vor anderen Katzen, Füchsen oder Mardern) oder auf der Suche nach Getier sind. Katzen oder Hunde fressen auch nicht Gras, weil sie einen Wetterumschwung spüren, sondern weil sie sich damit beispielsweise durch anschließendes Erbrechen den Magen reinigen wollen, oder weil sie ihre Ernährung ergänzen oder auch mal die Verdauung anregen wollen. Dies kann also ganz andere Gründe haben.

Wenn die Katzen sich viel putzen, gibt es gutes Wetter.
Siehst du die Katze gähnend liegen, weißt du, dass wir Gewitter kriegen.
Fressen die Hunde Gras, wird es heut' noch nass.
Wenn sich Schafe auf der Weide mit den Köpfen zusammenstellen, folgt ein Gewitter.
Merkt, wenn heran Gewitter zieht, schnappt auf der Weid nach Luft das Vieh, auch wenn's die Nasen aufwärts streckt in die Höh' und die Schwänze reckt.

***

Jetzt hast du dir ein Bild machen können über die Bauernregeln, ihren Wahrheitsgehalt, ihr Wie und Warum und wie es ist, selbst Regeln aufzustellen. Jedenfalls ist es spannend, die Verhaltensweisen von Tieren oder Pflanzen zu studieren. Du gehst gleich aufmerksamer durch den Wald, schaust vielleicht beim Wandern am Berg auf die Silberdistel oder hältst mal am Meer inne und erinnerst dich an dieses Buch hier, wenn ein Schwarm mit Schwalben zwitschernd über dir vorüberfliegt.

Nachwort und Danksagung

Ich hoffe, du hast aus diesem Buch mehr über das Wetter erfahren können und erkannt, dass es nicht einfach nur um das Ablesen einer App geht, sondern dass viel mehr dahintersteckt.

Ich habe versucht, dir Wettervorhersage, Wetterbeobachtung, Bauernregeln und den Hundertjährigen Kalender möglichst einfach zu erklären, das Ganze mit vielen bunten Bildern abzurunden und dir anschaulich näherzubringen.

Die vielen Wetterfotos waren mir ein großes Anliegen, sie stellen den Kern dieses Buches dar. Schlussendlich ist eine Wolke mehr als nur irgendetwas am Himmel, auf das die meisten von uns gar nicht so richtig Acht geben. Viele Menschen, vor allem in den größeren Städten, haben verlernt, auf die Natur und das Wetter zu hören und mit beidem zu leben.

Ich sag immer, wir sollen froh über unsere vier Jahreszeiten sein, sei es in Mitteleuropa, im Alpenraum, in Österreich, Südtirol, Bayern oder beispielsweise in Liechtenstein und in der Schweiz. Durch das Jahr hindurch gibt es abwechslungsreiches, sich veränderndes Wetter, mal spüren wir es heftig, mal nehmen wir es gar nicht wahr, obwohl es uns ständig begleitet. Wetter geht eben auch mit der Natur einher, von den blühenden Mandel- und Kirschbäumen (wobei sich der Blühbeginn je nach Witterung verschiebt) über die duftenden Linden im Mai nach einem Gewitterregen bis hin zum bunten Herbst, dem Laubfall und dem Winter mit Schneefall oder Graupel, Schnieseln oder einfach nur fetzblauem Himmel, wo Berge zum Greifen nahe sind. Langweilig wird uns bei all dem sicher nicht, wir sollten es schätzen und froh darüber sein.

Ich bedanke mich in erster Linie bei meinen Eltern, Josef und Brigitte, und meinen Schwestern Sieglinde und Marion, die mich unterstützt und mich meinen Weg haben gehen lassen (und vor allem als Kind meine Wettermacken ertragen mussten). Danke auch an alle Verwandten, die mich in meinem Vorhaben bestärkt haben.

Danke auch an Alexander Psenner, bei dem ich in der Gartengestaltung und Landschaftspflege vieles von Pflanzen gelernt habe. Danke auch an alle, die an mich geglaubt haben und mich in meinen Vorhaben, Wettermann zu werden, unterstützt haben. Danke an Dr. Georg Mayr, meinen Betreuer für meine damalige Diplomarbeit, von dem ich in Sachen Wettervorhersage einiges lernen konnte. Danke an meine damaligen Studienkollegen Mag. Stephan Galos, PhD und Mag. Alexander Klee, mit euch war der theoretische Teil des Studiums leichter und hat Spaß gemacht! Danke an Theresa Pagliarini und Jelena Dorigatti.

Natürlich ein großes Dankeschön an den ORF und an Hitradio Ö3, dass ich hier so sein darf, wie ich bin, da macht alles einfach mehr Spaß und Freude. Danke an dich und an euch alle, die das Wetter auf Sendung „On Air“ mitgestaltet und bunter machen, sei es durch die vielen Fotos, die ihr mir schickt oder postet, mich mal auf einem #fetzblau-Foto am Weg in die Arbeit oder beim Wandern oder auf der Piste taggt oder durch die vielen Wettermeldungen und Wetteranfragen, die meine Wecker-Wettershow auf Ö3 zu dem machen, was sie ist: ein Service und Mehrwert auf interaktive Art und Weise.

Danke!

Anhang

Bildnachweis

Infografiken: Jakob Salner
Fotos: Wenn nicht anders angegeben, stammen die Fotos von Sigi Fink.

Ortsverzeichnis